D. Rauter   2016

Das Gravitationsfeld-Dipol-Universum - Ein Torus

Der Kern des GDU mit Symmetrie-Ebene und 2 Polen

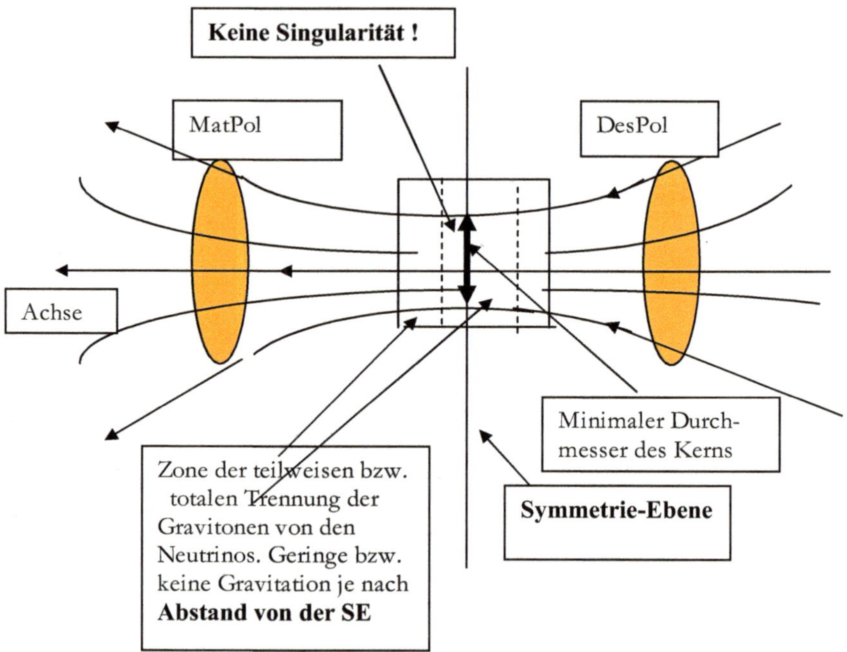

*Zum Titelbild:

Unter einem **TORUS** versteht man einen ringförmigen Körper, ähnlich einem aufgepumpten Autoschlauch, mit einem Loch in der Mitte.
Beim **G**ravitationsfeld-**D**ipol-**U**niversums (**GDU**) ist dies ausgefüllt durch die Achse und den sie umgebenden Kern (siehe oben).
Ein senkrechter Schnitt durch den ganzen TORUS ergibt zwei kreisförmige Flächen, welche nur durch Achse und Kern getrennt sind.
Sie sind erfüllt von den Umlaufbahnen.

Das
Gravitationsfeld-Dipol-Universum
Ein Torus*

URKNALL ??
Rotverschiebung : ja !
Es gibt sie, aber <u>n i c h t</u> in
einer expandierenden Kugel!
Singularität ist nicht nötig!
Urknall entfällt!
Keine Expansion!
Keine „drei Arten" Neutrinos!
Alter des Universums nicht
feststellbar.

EWIGER KREISLAUF !!
Expansion: nein !
„<u>Gerade Radien</u>": seit Einstein out!
Im TORUS ; <u>drei Gründe</u> für RV !
Gravitations-**Bahnen** <u>scheinen</u> zu
divergieren, sind aber **orts-stabil**.
Neutrinos nahe der Symmetrie-Ebene
kurz von den Gravitonen getrennt.
Die Bahnen werden umgelenkt.
Auf ihnen umlaufende Objekte
haben variierende Abstände und
Winkel-Geschwindigkeiten!
Alle Zustände werden jenseits der
Symmetrie-Ebene gespiegelt, große
Prozesse laufen dort „rückwärts"!

**„Huston - und andere - Sie haben ein Problem!
Sie erforschen ein Universum, das es <u>so</u> nicht gibt! "**

Dirk Rauter

Ein Wort des Dankes möchte ich an meine Frau Margret richten. Sie hat seit Jahren auf Manches verzichtet, weil mir immer wieder etwas einfiel, was schnell in mein Manuskript eingebaut werden musste.
Das ging sehr lange so, leider!

Autor Dirk Rauter , 2015

Bibliografische Information der Deutschen Nationalbibliothek
Die Deutsche Nationalbibliothek verzeichnet diese Publikation in der Deutschen Nationalbibliografie; detaillierte bibliografische Daten sind im Internet über http://dnb.dnb.de abrufbar.

© 2016 Dirk Rauter
Herstellung und Verlag: BoD - Books on Demand, Norderstedt
ISBN 978-3-7392-0529-8

Inhaltsverzeichnis   Seite

Rückblick in die Historie

des Natur- Wissen- Schaffens

Seit Tausenden von Jahren machen sich kluge Köpfe Gedanken über die Form, Struktur, Zusammenhänge und Funktionen des Universums und seiner großen Regionen. Jede Zeit hat ihre bestimmten Vorstellungen. Meist sind es die Priester, welche diese Modelle prägen, denn seit je her müssen sie den weniger gebildeten Menschen klar machen, welche Götter wo zu Hause sind und welchen Platz sie selber– die Priester - zwischen Göttern und Menschen einnehmen, um ihre Rolle zu spielen.
In allen Kulturen führte dies dazu, dass die materielle Welt beseelt wurde. Die kleineren Dinge - Steine, Pflanzen, Tiere, Flüsse, Luft - werden von Geistern bewohnt, der untersten Kaste immaterieller Wesen. Die „höheren Wesen, die wir verehren", wohnen und wirken auf Bergen (Zeus, Wotan und Kollegen) oder im Himmel (Sonnengott, Wettergott, Mondgöttin etc.).
Je höher, desto geheimnisvoller und mächtiger !
Oder unterirdisch, in Vulkanen, in der Hölle, der Unterwelt und im Ozean!
Mit zunehmendem Interesse an diesen Götterwelten blieb es nicht aus, dass man dort auch all´ das „verortet", was man als Mensch aus der eigenen realen Umgebung kennt: Liebe und Hass, Mord und Totschlag, Nektar und Ambrosia. Das führt zu immer weiteren Fragen:„Wieso, weshalb, warum? Wer nicht fragt, bleibt dumm!!" (Sesamstraße) Der Beginn der Naturwissenschaft, wenn man so will! Bis ins Mittelalter war das ein Teil der Philosophie, ebenso wie die Medizin!
Erst im 15.Jahrhundert begann das Zeitalter der Entdeckungen, sowohl im Sinne der Erd- als auch der Himmelskunde.
Kühne Ideen und neue Instrumente befreiten die Wissenschaft aus religiösen Fesseln.

Die Entwicklung des Natur- Wissen- Schaffens wies schon sehr früh immer wieder Elemente auf, die uns heute noch vertraut sind - wenn auch eher als Details von Sage, Legende , Religion.
Einige Beispiele:
Im Alten Ägypten:

> Die Sonnenbarke (das Boot des Sonnengottes) steigt im Osten auf, zieht über den Himmel, taucht im Westen ab in die Unterwelt.
> Die Welt schwimmt auf dem Ozean.
> Das Himmelsgewölbe ist von Pfeilern gestützt.
> Die Erde ist der Mittelpunkt der Welt.
> Zahlreiche Gottheiten.
> Nur kurz (unter Echnaton) der Versuch, d e n e i n e n Gott zu „installieren" .
> Astronomie als Teil der Fluss- und Wetterkunde:
> (Jahreszeiten, Nil-Hochwasser !)

Griechenland, Rom:

> Zeus, Jupiter und viele andere Götter, in Hierarchien und für spezielle Bereiche zuständig.
> Wohnen auf dem Olymp, im Meer, in Flüssen…
> <u>Erde nach wie vor Mittelpunkt</u>, vom Ozean umgeben.
> Der Begriff vom „Unteilbaren" (Atom) taucht auf.
> Aristoteles, Archimedes :
> Mathematik, Physik erleben erste Blüte in Europa.

Mittelalter Europa:

> <u>Entdeckungen „weltweit".</u> Kirche fürchtet um die Macht, bedroht Naturforscher mit dem Tode: Inquisition!
> <u>Kugelform der Erde wird akzeptiert, die Erde aber weiter das Zentrum, um das sich alles dreht.</u>

Frühe Neuzeit :

Erfindungen (Fernrohr, Sextant, Kompass) und
Entdeckungen von Monden, Sternen sowie der
Schwerkraft (Newton, Kepler) rücken die <u>Erde als
kleinen Planeten in die</u> <u>noch gültige Position</u>
<u>Fragen nach Anfang und Ende der Welt</u> (Ursachen,
Größe, Dauer) tauchen auf.
Vorherrschende Ansicht: <u>Schöpfungsakt, zeitlich und
örtlich unbegrenzter Kosmos</u>

17.-19.Jahrhundert :

Entdeckung der „Milchstraße" als unsere Heimat-
Galaxie, „Andromeda-Nebel" als Nachbar.

20.Jahrhundert:

Zahlreiche Galaxien, Sterne. Fragen nach dem Was
und dem Wie führen in das <u>Innerste des Atomkerns</u>.
Bors Atom-Modell, Einsteins Relativität (Raum-Zeit),
Plancks Quanten-Theorie; Satelliten, Mondlandung.

Stand ca. 1950:

E. Hubble entdeckt die Verschiebung der Fraunhoferschen
Linien im Spektrum des Lichtes ferner Galaxien,
deutet sie als <u>Beweis für die</u> <u>Expansion der Radien des
„kugelförmigen Universums"</u>.
<u>Penzias /Wilson entdecken kosmische Hintergrundstrahlung</u>.
Steven Weinberg fügt diese Entdeckungen zusammen,
rechnet „rückwärts" auf der Zeitachse bis sehr nahe an den
„Urknall" heran. Dessen Rest ist die kosmische Strahlung!?
Das „**Standard-Universum**" mit Urknall, Expansion
der Kugelradien, des Raumes, der Wellenlängen.
Das Universum das „Häutchen eines „leeren Ballons"?
Stillstand, Kontraktion und Zusammensturz in die
„Singularität" (quasi Nullpunkt) ??
(Weinbergs „Die ersten drei Minuten" lesen!)

2014/15

<u>Zweifel</u> am „Beweis", die radiale Expansion des Universums
sei der einzig mögliche Grund für die Rotverschiebung.
<u>Zweifel</u> an den geradlinigen Kugel-Radien:
<u>Seit Einstein</u> gibt es im kosmischen Maßstab <u>keine „geraden</u>
<u>Radien" von</u> **Kreisbahnen.** Entfernung und Alter nicht auf
Radien messen, sondern auf **Kreisbahnen, vom Pol aus**!!
Keine Alters-Angabe möglich. Zeit spielt keine große Rolle!
<u>Je größer, desto stabiler das beobachtete Objekt!</u>
Im Kleinen dynamisch: Atom, Elektron , Photon , Welle .
Ultimative Schwellentemperatur löst die Bindung der
Gravitonen an die Neutrinos. Bausteine der Materie damit
kurzzeitig ohne Gravitation. „Singularität" wird vermieden.
Der Raum dehnt sich (? nur einmal, Schöpfungsakt?) aus
und wird gekrümmt, bis stabile Kreisbahnen erreicht sind.
Wie oft schon Zerstrahlung, Thermisches Gleichgewicht
und Entstehung von Masse aus Strahlung — Kreislauf ?

Vorwort

Sehr geehrte Herren Einstein, Planck, Hoyle , Hubble,
Steven Weinberg („Die ersten drei Minuten") und Kollegen !
Mit großem Interesse habe ich Ihre Werke - einige - gelesen.
Seit etwa fünfzig Jahren beherrscht nun das

Standardmodell der Kosmologie

(auch Urknall- oder Big- Bang-Modell genannt) die Szene,
nachdem es das Steady- State- Modell beiseite gefegt hatte.
Neuere Forschungsergebnisse drehen sich nur noch um „Details".
sowohl im Kleinsten (Nuklear-Bausteine wie z.B. Neutrinos) wie
im Großen (Quasare, Schwarze Löcher, Galaxien) werden immer
wieder neue Erkenntnisse gewonnen. Besonders Entdeckungen
zum „jüngsten Universum" - kurz nach dem Urknall - finden
regelmäßig den Weg auf die Bildschirme.
Sie scheinen häufig Zufalls-Ergebnisse zu sein und keinem plan-
vollen System von Fragestellungen zu folgen.
Die Versuche zu einem neuen Modell kommen alle an ihre
Grenzen: Was war vor dem Urknall, was wird nach dem Sturz in
die Singularität, dcm „Weltuntergang" sein?
Geht die Ausdehnung des Universums immer weiter?
Verschwindet die Materie irgendwo im fernen Raum??
Entsteht neue und alles bleibt beim Alten?
Diese und weitere offene Fragen im **Standard-** und im
Steady- State-Modell des Universums waren mir Veranlassung,
nach einem neuen Modell zu suchen, das die kritischen Punkte
der genannten Modelle vermeidet und sichere Erkenntnisse aus
Beobachtung und Theorie möglichst zwanglos integriert.
Das System zu finden, welches hinter den Dingen steckt und unter
bestimmten Voraussetzungen Abläufe in Gang setzt, sie steuert
und damit seine eigenen Objekte und Verknüpfungen verändert ist
schwieriger als es zu verstehen.
Hat man es erst gefunden, wundert man sich. wie einfach die

Dinge sein können!

Im Prinzip genügen ein Input, ein Prozess und ein Output, um ein System zu beschreiben. Kenne ich den Input Wasser, Mehl und Hefe sowie den Output Brot, habe ich das Problem, einen Prozess zu finden, der zu diesem Ergebnis führt.

Nach einigen Versuchen erkenne ich, dass man Wasser, Mehl und Hefe mischen muss. Man muss rühren, warten und den Teig bei geeigneter Temperatur im Ofen backen, bis das Brot fertig ist. Dieser <u>Prozess ist nicht reversibel.</u> Das Brot wird nie wieder zu Hefe und Mehl werden. Solche <u>kleinen Prozesse</u> gib es Tausende in unserem Leben.

Wir können sie nicht umkehren und <u>deshalb altern wir auch.</u>

Um ein Modell des Universums zu ersinnen, brauchen wir „nur" <u>die sehr großen Prozesse zu studieren.</u>

Diese lassen sich allerdings nicht erklären, ohne die Vorgänge im Atom, in seinem Kern und mit noch kleinerer Dimension zu untersuchen, nämlich dort, wo die Materie aufgrund der hohen Temperatur restlos in Strahlung übergeht oder gegangen ist.

Je größer der betrachtete **Raum**, desto stabiler ist er.

<u>Große Prozesse im Raum sind reversibel (Kreislauf !) und deshalb altert das Universum nicht</u>!!

Wollen wir Struktur, Objekte und Prozesse im Universum erläutern, müssen wir eine breite naturwissenschaftliche Grundlage zu Rate ziehen

Wir müssen uns von religiösen Ge- und Verboten ebenso frei machen wie von Bildern aus dem Bereich der Science-Fiction in den Medien, die den

<u>Blick auf naturwissenschaftliche Erkenntnisse verdecken.</u>

Nur letztere können als Bausteine für ein logisch begründetes System verstanden werden, welches die <u>Schwächen</u> des <u>Standard-Modells der Kosmologie</u> aufgreift und darin enthaltene offene Fragen zumindest ansatzweise beantwortet.

Ich bin überzeugt, hiermit einen Schritt in die richtige Richtung aufzuzeigen, jedenfalls aber Denkanstöße zu weiteren Untersuchungen zu geben.

Wir können uns auf manche ältere Vorstellungen und weitgehend anerkannte Theorien stützen, müssen aber andere daraufhin untersuchen, ob sie zwar von

korrekten Beobachtungen ausgehen,
aber **Schlüsse daraus gezogen wurden,
deren Stichhaltigkeit angezweifelt werden kann.**

Insbesondere scheinen mir in der „Frühzeit" des Standardmodells einige Annahmen als Dogmen akzeptiert worden zu sein, ohne dass untersucht wurde, ob etwa andere, abweichende und vielleicht eher zutreffende Folgerungen aus den Beobachtungen gezogen werden könnten. Viel zum Thema „Universum" oder „Welt" Gesagtes und Geschriebenes ist nur auf unsere Erde bezogen (Weltuntergang, weltweit, weltberühmt).

Manches sind Fabeln, religiös begründete Glaubenssätze, Legenden.

Korrekte Beobachtung , unzureichende Deutung.

Das „Standard-Modell des Universums" wurde vor fünfzig Jahren von späteren Nobelpreisträgern entwickelt. Es beruht auf fehlerfreier Beobachtung - und **Schlussfolgerungen**, welche **sehr überzeugend dargestellt** wurden. Einprägsame Begriffe und tolle mediale Darstellungen verhalfen den Autoren zu Weltruhm und machten das

**Urknall- oder Big-Bang-Modell des Universums
zum Standardmodell der Kosmologie.**

Fortschritt beruht auf Neugier, Unzufriedenheit mit dem „State of Art", Zweifel an Entdeckungen und Theorien, auf geduldigem Suchen nach perfekten Antworten auf offene Fragen und auf Überzeugungsarbeit.

Dabei kann nicht ausbleiben, dass man anerkannte Theorien bedeutender Forscher und Autoren akribisch auf Schwachpunkte untersucht und solche auch benennt.

Ich bitte schon jetzt um Entschuldigung dafür, dass ich es wage, lange Zeit unbezweifelt gültige „Erkenntnisse" in Frage zu stellen.

<u>Ich lehne nämlich ab</u>, die **Ursache der Rotverschiebung** der Spektrallinien in der ständigen <u>Erweiterung des Universums zu sehen!</u>   Die Bedeutung, ja die

<u>Existenz der Singularität (des „Urknalls")</u> muss ich <u>anzweifeln</u> und ich glaube nicht an die radiale, zur Kugel führende Ausdehnung, den **leeren Ballon und sein Häutchen**, welches unser Universum sein soll; ebenso wenig wie an die

<u>Kontraktion und den Sturz zurück in den Urknall</u>.

Dabei berufe ich mich durchaus auf die Beobachtungen von
  - Hubble (Rotverschiebung),
  - Wilson und Penzias (kosmische Hintergrundstrahlung)
    und auf die geniale Idee der
  - „Rückwärts-Rechnung" Weinbergs vom heutigen Zustand
    des Universums bis Sekundenbruchteile nach dem „Urknall"
    Steven Weinberg „Die ersten drei Minuten" lesen! .

Ohne die Lektüre dieses Buches und des darin beschriebenen Systems hätte ich mich nicht seit Jahren mit diesem Thema beschäftigen können.

Ich werde die **Bedeutung der Zeit** für die
<u>Beschreibung des Universums</u>
<u>als Ganzes und seiner typischen Groß-Regionen</u>
stark relativieren.

„Einstieg für Anfänger"

Der Urknall ist zumindest Fernsehzuschauern bekannt als das in kräftigem Rot und Gelb wirbelnde Gebilde, das sich unter Donnergrollen ausbreitet und den Bildschirm ausfüllt, bis man Sekunden später Galaxien und einzelne Sonnen erkennen kann. Kurz darauf erscheint unser blauer Planet und offenbart seine vielfältige Schönheit.

Seit etwa 13,8 Milliarden Jahren - so hören wir zum x-ten Male - dehnt sich diese Welt von <u>einem Punkt aus</u> zunächst mit nahezu Lichtgeschwindigkeit in alle Richtungen aus und wird nur durch die Gravitation in dieser Volumenvergrößerung langsam abgebremst. Ob das zum Stillstand führt und zum darauf folgenden Zusammensturz bis zurück in die „Singularität", steht <u>bis heute</u> nicht mit Sicherheit fest.

Ich hoffe, zu diesem Punkt Klarheit schaffen zu können.

Dieses Modell wird „<u>Standardmodell der Kosmologie</u>" genannt, seitdem es Mitte des zwanzigsten Jahrhunderts von **Steven Weinberg** und anderen auf der Grundlage fast gleichzeitig erfolgter Beobachtungen erdacht und veröffentlicht wurde.

Die wichtigsten Erkenntnisse waren:

1. In welche Richtung man auch beobachtet, es entfernen sich alle Galaxien von einander und natürlich auch von uns.

Diesen Schluss zog H u b b l e aus der Tatsache, dass die **<u>Spektren entfernter</u> <u>Sonnen umso stärker in Richtung Rot</u>** <u>verschoben</u> sind, je weiter diese Sonnen oder Galaxien entfernt sind.

Genau genommen erkennt man das nicht am Licht selber, sondern an den schwarzen Linien, welche auf die Absorption bestimmter Wellenlängen durch Gase in der Umgebung dieser Sonnen hindeuten. Diese Linien sind verschoben!

Warum aber s c h e i n e n verschiedene dieser Lichtquellen
die gleiche Wellenlänge unterschiedlich stark zu verschieben?
Weil sie sich unterschiedlich schnell von uns entfernen.
Es handelt sich um eine Erscheinung, die auch als Doppler-
Effekt aus der Akustik jedem bekannt ist, der einen heran
nahenden schnellen Zug oder ein Flugzeug mit einem
höheren Ton gehört hat als einen Moment später, wenn die
Quelle dieses Tons sich von uns entfernt. Je schneller sich
die Quelle auf uns zu und dann wieder von uns fort bewegt,
desto deutlicher ist Unterschied zu hören.
Gleiches gilt für die sich entfernenden Galaxien und ihr Licht.
Auch, dass der „Raum selber sich ausdehnt (?)", während das
Licht zu uns unterwegs ist, spielt eine Rolle, weil die
Wellenlängen m i t ausgedehnt werden.
Je weiter die Galaxien schon entfernt sind, desto schneller
entfernen sie sich von uns.
<u>Hubbles Schluss daraus</u> war damals eine entscheidende
Grundlage zum Urknall-Modell.
Da diese Beobachtungen in alle Richtungen stets das gleiche
Ergebnis brachten, müssten sich die Sonnen, Galaxien und das
Universum in alle Richtungen gleichmäßig ausbreiten,
was auf ein **<u>kugelförmiges Universum schließen ließ</u>**, …
<u>folgerte</u> <u>Edwin Hubble</u>.

2.Zwei amerikanische Forscher (A. Penzias und R. Wilson)
machten Versuche mit verschiedenen Antennen, um die
Ursache von Störungen festzustellen, die in einem bestimmten
Wellenlängenbereich den Empfang von Funk-Signalen störten.
Sie stellten fest, dass es keine Rolle spielte, in welche Richtung
sie ihre Antennen drehten - die **Störung** kam <u>nicht</u> von einem
punktförmigen Sender, sondern
aus allen Richtungen in gleicher Weise.

3.<u>Steven Weinberg hatte die Idee, diese beiden
Beobachtungen miteinander zu verbinden:</u>
Wenn man das Sich - Entfernen der Galaxien umkehrt und die
von Penzias und Wilson beobachtete Wellenlänge des
„Störsenders" als den Rest der mit dem Urknall verströmten
Energie betrachtet, kann man <u>auf der Zeitachse „rückwärts"
rechnen</u> und darauf schließen, dass <u>zwischen Energie-Dichte
(Temperatur) und Ausdehnung des Universums (Radius) ein</u>
Zusammenhang <u>besteht.</u>
Das Ergebnis dieser Überlegungen ist in Weinbergs
„Die ersten drei Minuten" überzeugend und verständlich (!)
dargestellt. Kein Wunder, dass diese Schrift zu Ruhm und
Anerkennung geführt hat, nämlich zum Nobelpreis (zusammen
mit Sheldon Glashow u. Abdus Salam) und zur Einstufung des
Urknall- Modells als …

Standard-Modell der Astronomie / Kosmologie.
Dies hat das zunächst konkurrierende „Steady- State- Modell"
(Fred Hoyle) schnell und total verdrängt, welches in der Aussage
gipfelte, alles „sei schon immer so gewesen und bliebe auch
immer so, wie es ist". Es habe keinen Schöpfungsakt gegeben;
Materie verschwinde irgendwo in der Ferne im Nichts und
entstehe in den Tiefen des Alls ständig neu.
Wenn ich noch einmal auf das Steady- State- Modell zu sprechen
komme, dann nur, weil ich den Begriff unter neuem Blickwinkel
wiederbeleben will. Davon später mehr.
Wenn Weinbergs Big Bang /Urknall-Modell sich seit fünfzig
Jahren fast unbeschadet hielt, so muss man sich fragen, was denn
dazu geführt hat.
Begriffe entscheiden häufig, wie einprägsam eine Idee ist.
Einem breiten Publikum setzt sich ein „Urknall" oder „Big Bang"
sofort im Gedächtnis fest.

Wenn dann ein Modell des Universums auch derart überzeugend
dargestellt wird, wenn es gleichzeitig viele Elemente enthält,
die sich beweisen lassen und wenn es den Schöpfungsakt und das
Ende der Welt zulässt – wer sollte da seinen wissenschaftlichen
 Ruf riskieren und versuchen, das Ganze zu hinterfragen?
Allein, der Begriff „Big Bang" passt viel besser in einen
Wildwest- oder Science-Fiction- Film als in eine fundamentale
naturwissenschaftliche Untersuchung:
Der Bang war nicht „big", denn er ging ja angeblich von einem
Punkt mit der Dimension nahe bei Null aus, war also „winzig"
klein (?? Radius ??)
Es war auch kein „bang" im Sinne von Knall, denn es gab weder
ein Medium, noch Frequenzen im Bereich des Schalls, sondern
nur eine Strahlung so hoher Energie /Temperatur, dass selbst die
kleinsten Bausteine des Atomkerns noch nicht existieren konnten.
Also war da kein „Bang" und schon gar kein „Big".
Der Begriff war - von spöttischen Neidern geprägt, sagt man -
und wurde /wird über Generationen weitergegeben.

<u>Unbefriedigend gelöst</u> ist im Standardmodell der **<u>Umgang mit
der Expansion</u>** und der danach möglicherweise folgenden
<u>Kontraktion,</u> wieder in den Nullpunkt hinein (??). Weder mit
dem gesunden Menschenverstand noch mit theoretischen
Ansätzen kann die Frage beantwortet werden, wieso denn das
gesamte Universum aus einem (Fast-) Punkt entstehen konnte
und laut Standard-Modell wieder dort hinein entweichen soll
        (entsprechende Gravitation vorausgesetzt, die
        heute als gegeben angenommen wird).
        <u>Wohin führt der Zusammensturz in die Singularität?</u>
        Und : <u>Kommt es oder kam es schon zu vielen
            solchen Schöpfungsakten und Weltuntergängen ??</u>

Der folgende Text soll etwas mehr Klarheit schaffen, indem er offensichtlich mögliche, bisher übersehene oder vernachlässigte Antworten auf einzelne Fragen dieses Komplexes darstellt und alternative <u>Folgerungen aus den durchaus stichhaltigen Beobachtungen und Berechnungen aufzeigt, welche bis heute nicht erkannt oder veröffentlicht wurden.</u>

Denkanstöße zu Grundlagen der Kosmologie

1. Naturgesetze gelten zeitlich / räumlich uneingeschränkt!

2. Die Natur sucht (und findet) einfache Lösungen, keine x-dimensionalen Konstrukte.
Komplizierte Vorstellungen (unser Kosmos als leeres Ballonhäutchen; Urknall aus der /in die Singularität etc.) müssen weichen, wenn ein einfaches Modell den Zweck für den „ gesunden Menschenverstand" besser erfüllen kann.

3. Wir leben in einer dreidimensionalen Welt.

4. „Zeit" ist ein Hilfsmittel, mit dem man klar machen kann, wie viele Vorgänge **a** ich erledigen kann, bis Vorgang **b** abgeschlossen ist.
Einstein auf die Frage, was „Zeit" sei:
"Zeit ist, was man von der Uhr ablesen kann!"
Als Dimension zur Beschreibung des Universums taugt die Zeit wenig!   Sie wird einfach nicht benötigt!

5. Die Summe aller Energien ist konstant! (Strahlung , äquivalente Masse, potenzielle und kinetische Energie)
Aus Strahlung kann Masse entstehen, Masse kann zerstrahlen.

6. Energie kann weder in das Universum hinein gelangen
- woher sollte sie kommen? -
noch verloren gehen, aus ihm hinaus gelangen.
Der durch Gravitation gekrümmte Raum verhindert das!

7. Alles besteht aus Dipolen

Jeder dieser Dipole besteht aus:

- **Zwei Polen**, z.B. dem magnetischen Nord- und Südpol,
dem elektrischen Plus- und Minuspol, einem „oberen" und
einem „unteren Pol" als Enden einer imaginären Achse,
bezogen auf die Drehrichtung (Spin) der Teile, welche um
diese Achse kreisen wie etwa die Elektronen den Atom-Kern
oder die Planeten die Sonne: dem

-- **Materialisationspol** (Strahlung wird zu Materie; MatPol)
und seinem Gegenstück,

-- **Zerstrahlungspol**, wo Materie zu Strahlung wird;
(Im Text DesPol genannt, von Desintegration, Auflösung)

- **dem äußeren, von kreis-/ elliptischen Kraftlinien erfüllten
Feld (**der für den jeweiligen Typ von Dipol spezifischen Art:
Magnetfeld, elektrisches Feld, **Gravitationsfeld)**
Für unser Thema ist das

- **Gravitations-Feld** von Interesse, welches den durch seine
**Kraft, die Gravitation des Kerns und der Objekte auf den
Umlaufbahnen gekrümmten Raum von Pol zu Pol erfüllt,**
sowie

- **der Kern** mit der **Achse** - der direkten Verbindung von Pol zu
Pol, in deren Nähe die typischen Kraftlinien z.B. magnetischer
Kraftfluss, Gravitation am stärksten konzentriert sind.

8. Die Materie weist vom ….

- Quark mit seinem Spin
- über das Proton, welches von einem Elektron umkreist wird,
- über Planeten, die von Monden umkreist und von
Magnetfeldern umgeben sein können, über Sonnensysteme
bis zu den Galaxien und Schwarzen Löchern

… durchgehend das „Prinzip Dipol" auf.

Wenn dies das bevorzugtes Bau-Prinzip der Natur ist:
Warum sollte die Natur im jeweils letzten Schritt,
- dem zum Universum als Ganzem einerseits und
- dem vom kleinsten Teilchen zur materielosen Strahlung
(oder Welle, Schwingung, „Wirkung") andererseits
von diesem Prinzip abweichen??

Was ist eine Welle wie die des Lichts anderes als die kreisförmig,
um eine Achse nach „vorne" sich fortpflanzende und damit
schraubenförmige Bewegung, die – entlang der Achse und in der
senkrecht zu dieser erfolgenden Projektion als Sinuskurve zu
beobachten ist? Die Projektion entlang der Bewegungsachse
lässt die Kreisbahn erkennen.
Also auch hier : eine Achse und drum herum der Kreis:
Wenn man so will, ein Dipol!
**Wir betrachten also eine Hierarchie von Dipolen, deren
größter, allumfassender das Universum ist.**
Wir zoomen auf die nächste, tiefere Ebene und sehen riesige
Quasare und Schwarze Löcher.
Auch diese Mega-Bausteine sind symmetrische Dipole.
Darunter finden wir die Ebene der Galaxien: symmetrische Dipole.
Wir könnten weitere Stufen hinein zoomen und kämen bis zu den
Nuklear-Bausteinen Neutron, Proton, Elektron und letztlich zu
den Quarks, Gluonen (?), Photonen, Neutrinos und Gravitonen.
**Dipol und Symmetrie stellen auf allen Betrachtungsebenen
das Grundprinzip der Struktur dar.**
Abweichungen treten nur lokal und zeitlich begrenzt auf.
Sie werden durch Katastrophen stellaren Ausmaßes und /oder
örtlich/zeitliches Auftreten bestimmter (An-) Ordnungen und
gegenseitiger Beeinflussung verursacht.
Der Lebenslauf eines Sternes beginnt und endet in einer Wolke
interstellaren Staubes. Was zwischen Beginn und Ende geschieht

(Planetenbildung, chemische Verbindungen, kristalline Ordnung, organische Grundbausteine, sind für d i e s e Betrachtung nur vorübergehende, lokale Episoden).

Der **<u>Kern z.B. des Stabmagneten</u> wird nur vom** (entlang der Längsachse gleich bleibenden) **Strom magnetischer <u>Kraftlinien durchflossen.</u>**
Die typische Eigenschaft, magnetische Anziehung, tritt nur in Achsrichtung an den Polen und entlang der elliptischen Feldlinien auf, aber <u>nicht</u> senkrecht zur Achse.
Verlaufen die <u>Kraftlinien gekrümmt</u> (Einstein!), annähernd in <u>Kreisform</u> von Pol zu Pol (von der Länge des Kerns abhängig), <u>ist kein Wechsel der Polarisierung auf ihrem Umlauf festzustellen, sie passieren den Materialisierungs-Pol und den Zerstrahlungs-Pol in identischer Richtung</u>.
Ein externer Beobachter würde das erkennen und als selbstverständlich annehmen, auch wenn
       - aus e i n e m Pol a l l e s   h e r a u s und
       - in den anderen a l l e s   h i n e i n strömt,
  (...abgestoßen bzw. angezogen wird, Plus- bzw. Minuspol ist)
und deshalb von uns als Gegensatz („Gegenpol") angesehen wird.
Strahlung strömt unter Umwandlung in Materie aus dem MatPol und nach dem Durchlaufen des Feldes wieder in den DesPol !
Also liegt für alle Objekte die <u>kreisförmige Bewegung</u> fest
    (wenn die Achslänge des Kerns auf Null gesetzt ist).
Was können wir als **anschauliches Beispiel** eines
  symmetrischen Dipols in unserem Alltag beobachten?

<u>Den Stabmagneten als real existierendes Hilfsmittel</u>
zur Beschreibung des Modells! :

Zwei Pole, ein <u>Feld</u> aus Kraftlinien, ein meist zylindrischer <u>Kern</u>, zahlreiche Symmetrie-Ebenen (SE).

Stabmagnete sind überwiegend Artefakte und können daher in allen möglichen Formen vorkommen, wenn sie nach der Magnetisierung des Materials verformt werden.

In der Natur stellen sie meist den Beweis für Blitzeinschläge in eisenhaltige Mineralien dar, welche die Elementar- Magneten gleichgerichtet haben.

Wesentliche Unterschiede zu oder Übereinstimmungen mit meinem Modell bestehen darin, dass beim

<u>Stabmagneten</u> der <u>Kern</u> aus solider Materie,
das <u>Feld</u> aus Kraftlinien
besteht und beide klar gegeneinander abgegrenzt sind.

Beim <u>Gravitationsfeld-Dipol-Modell</u> besteht der K e r n aus Strahlung mit höchster Frequenz /Temperatur und Dichte der Gravitationsbahnen und er ist im sub-nuklearen Bereich äußerst dynamisch:

<u>Thermisches Gleichgewicht</u>: Aus Strahlung werden Teilchen und umgekehrt.

<u>Gravitonen</u>: Ablösung von den Neutrinos oberhalb der ultimativen Schwellentemperatur (sehr nahe an der Symmetrie-Ebene !!)

Das <u>Feld</u> aber besteht aus zeit- und ort-stabilen, kreisförmigen Gravitations- Umlaufbahnen, die <u>alle an den Kern angrenzen</u> – wie beim Magneten !

Eine bedeutende <u>Symmetrie-Ebene (SE)</u> geht durch die Mitte von Kern und Feld.

Sie trennt die „obere Hälfte" - die der Expansionsphase des Standardmodells entspricht – von der „unteren Hälfte", welche der Kontraktionsphase entspricht.
Und sie „spiegelt" alle Zustände und Prozesse.
Von den vielen möglichen Symmetrie-Ebenen ist im Modell des Universums die senkrecht zur Achse durch die Mitte des Kerns und des Feldes verlaufende die wesentliche.
Im weiteren Text ist fast nur von dieser SE die Rede.
Die mehr oder weniger aktuellen **Modelle des Universums**, Standard - und Steady - State sind hinreichend bekannt, um ohne weitere Ausführungen auf sie zurückgreifen zu können.

<u>Vom Urknall- und Steady- State- Modell</u>
<u>zum</u>
<u>Gravitationsfeld-Dipol-Modell (GDM):</u>

Viele <u>offene Fragen</u> auf dem Wege:

Das **Standard-Modell**

<u>Hier nur angedeutet, da weiter unten im Detail untersucht:</u>

- Unendlich und / oder grenzenlos ?
- Offen oder geschlossen ?
- **Expansion durch eigene Gravitation beendet (?) , dann Stillstand und Kontraktion?**
- **Zusammensturz in die Singularität?**
- **Und was kommt dann, was liegt „jenseits" dieser Singularität??**
- **Der dreidimensionale Raum als „Ballonhäutchen" ??**
- **Der Ballon aber innen leer??   Wohl kaum !!**
- **Nur *ein* einmaliger, kurzer „Knall" ?**
     „Explosion" im Wortsinne, nämlich ein „Herauszischen" von langer, ewiger Dauer, wäre treffender!
- Der Urknall selbst nicht erklärt. Schöpfungsakt ?

Das **Steady - State- Modell:**
- Materie verschwindet aus dem Universum?? Wohin ?
- Materie entsteht ständig neu? Wo, woraus, wie ?
- *Es ist schon immer so gewesen.* Kein Schöpfungsakt nötig !?

Dies ist heute - Ende 2015, kurz gefasst - die Liste der offenen Fragen und der Grenzbereich zwischen Wissen (Beobachtung, gesicherter Theorie) und Hypothesen, die auch ungesicherte oder <u>unterschiedlich deutbare</u> Elemente enthalten.

Geplante Vorgehensweise
Meine Absicht ist es, die oben genannten Modelle in ihre Bausteine zu zerlegen, diese auf ihre Stichhaltigkeit abzuklopfen und nach einem Modell zu suchen, welches die als „sicher" geltenden Teile von Standard- und Steady-State-Modell zwanglos integrieren kann. Dabei werde ich manche
Deutung / Folgerung aus Beobachtungen in Zweifel ziehen, besonders dann, wenn aufgrund einer früheren, <u>überzeugenden</u> Darstellung *nur eine* Möglichkeit - von mehreren denkbaren – gesehen und zum Dogma erhoben wurde, welches <u>andere</u> Vorstellungen gar nicht erst aufkommen ließ.
Die Geschichte weiß von zahlreichen solchen Beispielen, etwa der Erde als Scheibe oder als Zentrum des Sonnensystems und der Welt.
Beim Standardmodell war das wohl nicht die Absicht Steven Weinbergs, sondern es liegt daran, dass er seine Folgerungen so überzeugend vorträgt und deshalb kaum jemand die Möglichkeit in Erwägung ziehen konnte, manches könne vielleicht auch anders (gewesen) sein. Steven Weinberg möge verzeihen!

Mein **<u>Anspruch als Autor</u>** bezieht sich auf:

A. <u>Das G a n z e</u>, seine Großregionen und deren Charakteristika:
- **<u>Form und Struktur des Ganzen : Kein Ballon-Häutchen</u> !**
   Angaben zu einigen Maßen des GDU: Radien, Temperaturen,
   „Alter" sind aus dem Standard-Universum (St. Weinberg u.a.)
      abgeleitet wie auch die Bezugnahme auf die Rotverschiebung
      (Hubble)
- **Pole, Dipole, Symmetrie-Ebene, Kern, Gravitationsbahnen
   und -Feld, 2-D-Kreisbahnen mit symmetrischem Verlauf
   zu beiden Seiten der Symmetrie-Ebene des GDU .**
- **3D-Torus** mit Spiegelung der Kreisbahnen jenseits der Achse.
   Kein großes Loch (wie im Torus üblich).
   Dieses ist durch den Kern gefüllt.
- **<u>Rotverschiebung</u> : Ursache ist <u>nicht</u> die Expansion der
   Radien des Universums, sondern die„statische Divergenz"
   der Umlaufbahnen.**

B. <u>Das ganz Kleine:</u>
- **Abspaltung der Gravitonen von den Neutrinos** beim
   Erreichen der **<u>maximalen</u> (!) Schwellentemperatur**
   (<u>alles</u> ist jetzt zerstrahlt).
- **Neutrinos verlieren kurzfristig die Gravitation.**
- **Zerfall und Wiederaufbau von Quarks
   vom Single über das Dreieck zum Tetraeder**
- **<u>Bedeutung der Zeit stark relativiert</u>**!!
   Daher: Steady - State im ganz Großen, Dynamik im Kleinen !
Der „Torus" ist ein aus der Topologie stammender Begriff,
ein ringförmiger Körper. Dass ich diesen Körper verwende,
bedarf wohl keiner Lizenz?
Die Skizzen sind aus Google und Wikipedia entnommen.

Die Vorstellung des neuen Modells geschieht nach dem Motto:
"Man muss *das Ganze vor* den Teilen sehen!" (Scharnhorst)
- heute als „Top - Down – Methode" bezeichnet -
denn auf diese Weise ordnen sich die Elemente fast wie von
selbst an der richtigen Stelle in das Ganze ein und man muss
deren Verwendung nicht in jedem Einzelfall begründen.

Das Ergebnis meiner Bemühungen ist das
Gravitationsfeld - Dipol - Universum (GDU).
Ich erwarte vom Leser nur etwas Geduld und die Bereitschaft,
- neue Größenordnungen für das Universum zu akzeptieren,
- die Bedeutung der Zeit (als vierter Dimension) und aller
  höheren Dimensionen in diesem Zusammenhang in Frage
  stellen zu lassen und
- Zweifel an hergebrachten Vorstellungen (Urknall,
  Ballonhäutchen , Rotverschiebung/Expansion) wenigstens
  für kurze Zeit zuzulassen.

Das Modell wird zunächst als Ganzes beschrieben.
Unausweichlich ist es, dazu eine Reihe neuer Begriffe
einzuführen. Sie erklären sich meist im Text und den Figuren
von selbst. Das Zerlegen der „alten" Modelle ergibt eine Vielzahl
von Bausteinen, von denen ich einige aussondere, um aus den
verbleibenden das neue Modell zu entwerfen. Nicht zu jedem
Detail kann ich Angaben zu dessen erster Erwähnung in der
Literatur machen.

Der Ursprung des Kreislaufes

Sieht man sich das Gravitations-Dipol-Modell an, so wird man
sich fragen, **warum** alle Strahlung aus dem Kerns in
e i nem Sinne , vom DesPol im Kern zur und durch
die SE, zum und aus dem Materialisations- Pol heraus nach allen
360 Grad des Kreises in das Feld strömt
und nicht auch in die andere Richtung.
Da die Zustände in beiden „Hälften" des Universums an der
Symmetrie-Ebene (SE), sozusagen dem Äquator, gespiegelt
werden, verlaufen auch die Prozesse der „oberen Hälfte" –
die eine Kette von Zuständen darstellen - in der unteren Hälfte
umgekehrt:
In mancher Hinsicht, wie das auf der Erde der Fall ist:
z.B. die Koordinaten , Konvergenz der Meridiane, Klimazonen .
**Strahlung, welche den MatPol verlässt, kühlt ab, wird zur
Masse, die sich jenseits der SE wieder über verschiedene
Schwellen-Temperaturen hinaus erhitzt, um im Kern nach
dem Sturz in den DesPol , beim Erreichen der „inneren SE"
vollständig zu Strahlung zu werden.** Gegensatz zum Magneten!

Trennung von Gravitonen und Neutrinos bewirkt,
dass alle Teilchen kurzfristig ihre Gravitation verlieren.
Während die Gravitonen in den Raum /das Feld hinaus eilen
(es aufbauen und erhalten), durchdringen die Neutrinos aufgrund
des Fehlens jeder Eigenschaft ungehindert Feld und ggf. Masse.
Erst wenn ein Graviton an ein Neutrino als seinen typischen
Wirt andockt, kann dieser wieder interagieren.
Die Eigenschaft „Gravitation" wirkt nur, wenn das **Graviton**
 an ein Materieteilchen angedockt hat, auf welches es sich
 - seine einzige Eigenschaft- überträgt.
Der Minimal- Dipol „Graviton" o h n e Wirt hat keine
Außenwirkung.

Dockt er aber mit einem Pol an ein Neutrino an, so bleibt der zweite (Gegen-) Pol unbesetzt, bis er auf ein anderes Teilchen trifft, bei dem das Graviton mit umgekehrter Polarität angedockt hat, somit der passende freie Partner gefunden ist, mit dem die Gravitation zur Bildung größerer Teilchen führen kann.

Auf diese Weise führt der innere Druck, der bisher durch die Gravitation kompensiert wurde, zur „Explosion", die wiederum die Abkühlung unter die Schwellentemperatur der Graviton-Neutrino- Kopplung bewirkt und damit die Anlagerung der Gravitonen an die Neutrinos.

Es folgt die Bildung der Quark- Triplets, der Neutronen etc. Diese Annahme setzt voraus, dass alle Materie zunächst ohne Eigenschaft ist,

- dass die Eigenschaft „elektrisch geladen" nicht t y p i s c h für ein Teilchen von der M a s s e eines Elektrons ist.

Die Masse des Elektrons stellt aber den „typischen Wirt" dar, an den das elementare Quantum der elektrischen Ladung andockt. Erst damit wird dieser Wirt zum Elektron. Er übernimmt die Eigenschaft „elektrisch geladen" und kann mit seiner Umgebung in Interaktion treten. Auf die Gravitation bezogen:

Neutrinos ohne angedocktes Graviton sind schwerelos.
(Das gilt für eine chaotisch wirbelnde größere Anzahl!)
Das Graviton verschmilzt mit dem Neutrino, überträgt ihm sein „Anziehungs-Gen".

<u>Drei Arten von Neutrinos ??:</u> Solche ohne, solche mit
verschwindend geringer und solche mit „normaler" Gravitation
<u>soll es geben ??</u> (S. Weinberg in „Die ersten drei Minuten")
*Wobei die Art mit „ verschwindender" **Gravitation wohl als***
***<u>Mischung</u>** von Anteilen solcher Neutrinos **m i t** und solcher*
***<u>o h n e</u>** Graviton zu deuten wäre, was auf Quantifizierbarkeit*
hinweist.
„Verschwindend" kann heißen:
- sehr, sehr klein, **auf alle** Neutrinos dieser speziellen Art
   zutreffend
- oder: einen Prozess beschreibend, durch den „ein Neutrino
   nach dem anderen" **bei <u>fortschreitender Annäherung an</u>**
   <u>die SE</u> seine Gravitation (sein Graviton!) verliert.
   Die <u>Gesamtheit der Neutrinos verliert ihre</u> Gravitation
   <u>kontinuierlich</u> bis zum Wert Null, das einzelne **„schlagartig".**
Das geschieht sehr kurz vor dem <u>Erreichen der SE.</u>
<u>Ebenso kurz danach (im Bereich einer Tausendstel Sekunde)</u>
<u>beginnt</u> schon die <u>Wieder- Anlagerung.</u>
Die kontinuierliche, alle Neutrinos gleichzeitig betreffende
Abnahme ist kaum zu begründen.

<u>Also nicht drei Arten von Nuetrinos!</u>
<u>Dann muss es wohl die oben genannte Mischung</u> sein, in
<u>der „einzelne" Gravitations-Quanten von ihren Neutrinos</u>
<u>abgesprengt werden – je näher an der SE, desto mehr!</u>

Auf Quanten-Ebene gibt es nur ein Entweder / Oder,
aber keine „langsame Abnahme".

*Ein Masse-Quant weist demnach die Gravitation von **einem** Graviton auf - oder gar **keine**, wenn letzteres fehlt.*

Sind mehr Gravitonen vorhanden als Masse-Quanten, können erstere entweichen und einen Beitrag zum Aufbau des Gravitations-) Feldes leisten. (Gravitonen-„Strahlung"? Gravitations-Wellen?).

Wenn das Vorstehende stimmt, erklärt es doch nicht, warum diese Ereignisse im Kern „von Anfang an nur in einer Richtung", nämlich von der SE über den MatPol ins Feld hinaus geschehen. Was hat d i e s e Richtung im Moment der „Schöpfung" gegenüber der entgegen gesetzten ausgezeichnet??
Was hat diese Prozesse angestoßen und wieso laufen sie trotz der Symmetrie so ab, wie sie es tun — und nicht anders herum oder in beide Richtungen g l e i c h z e i t i g ?
Hat es das kurzzeitig gegeben und hat dies etwas mit dem gegenseitigen Sich - Auslöschen von Materie und Antimaterie zu tun (hier wohl genauer:

      S t r a h l u n g und „A n t i - Strahlung",

         Phasen- verschobener Str. ?) ,

wobei Reste der Strahlung übrig blieben und damit die Richtung für alle Zeit vorgegeben haben?

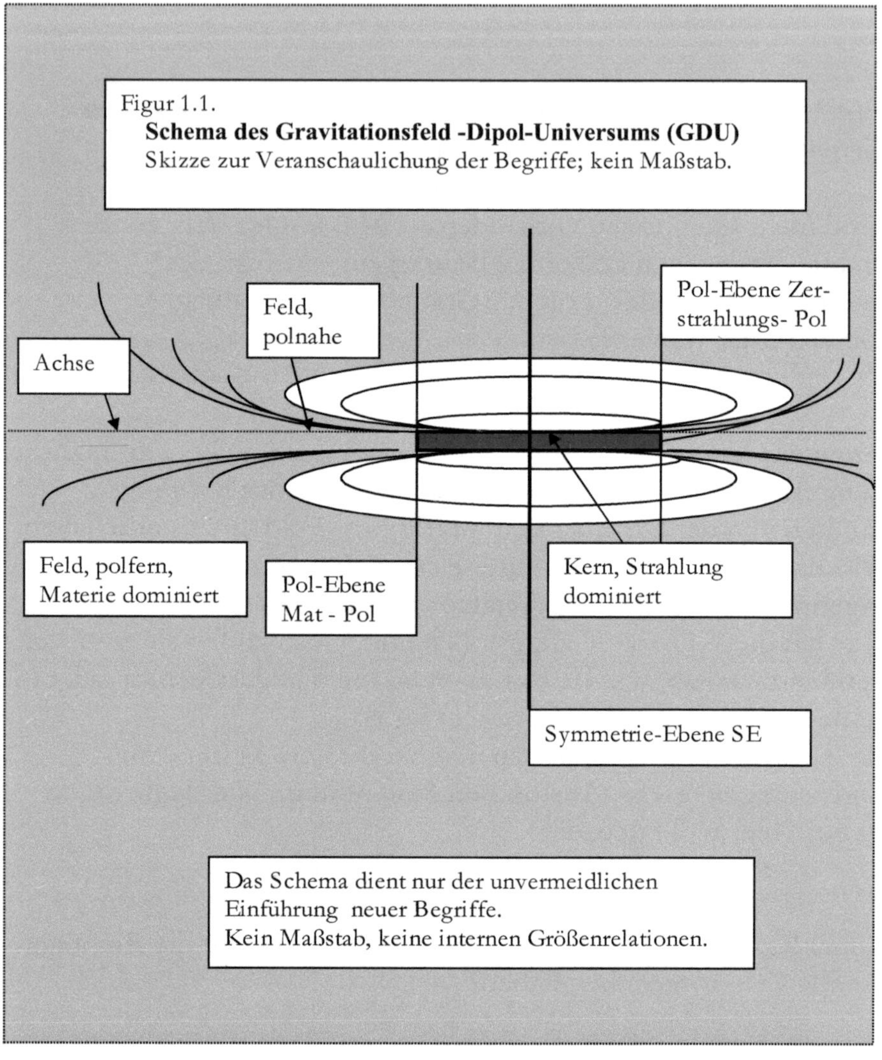

Figur 1.1.
Schema des Gravitationsfeld -Dipol-Universums (GDU)
Skizze zur Veranschaulichung der Begriffe; kein Maßstab.
Pol-Ebene Zer-strahlungs- Pol
Feld, polnahe
Achse
Feld, polfern, Materie dominiert
Pol-Ebene Mat - Pol
Kern, Strahlung dominiert
Symmetrie-Ebene SE
Das Schema dient nur der unvermeidlichen Einführung neuer Begriffe.
Kein Maßstab, keine internen Größenrelationen.

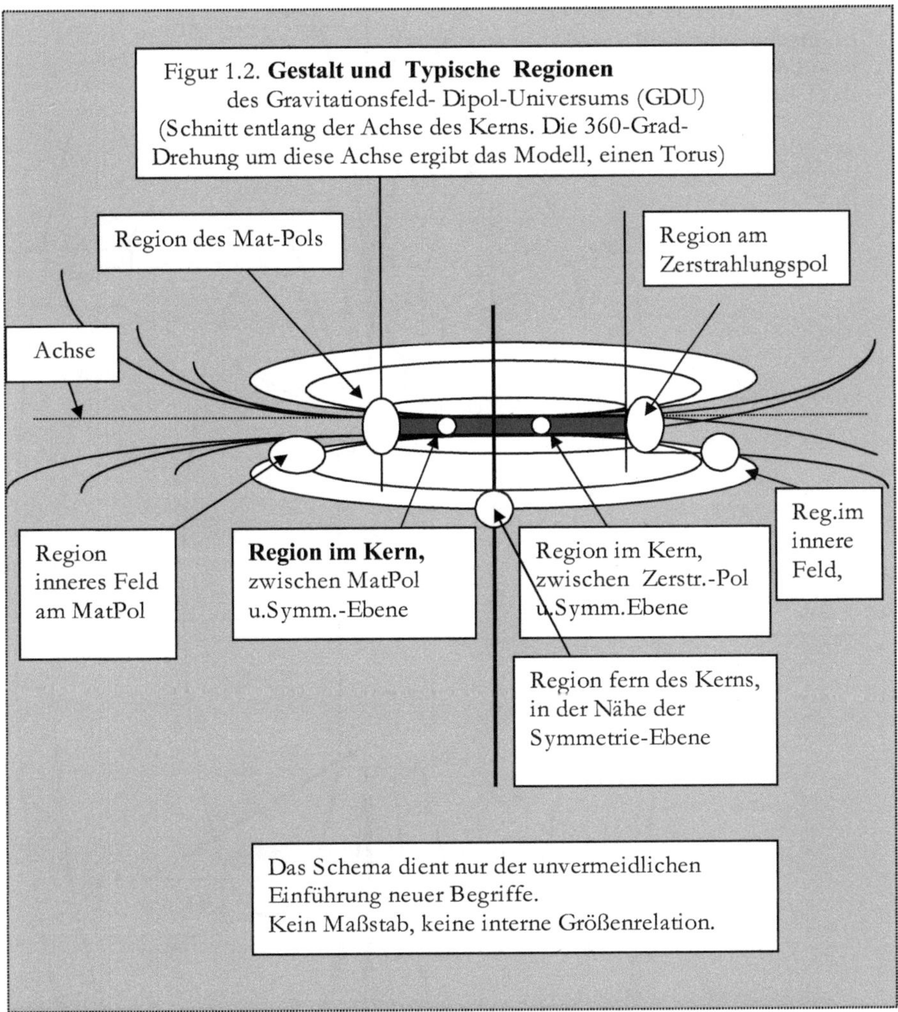

Figur 1.2. Gestalt und Typische Regionen
des Gravitationsfeld- Dipol-Universums (GDU)
(Schnitt entlang der Achse des Kerns. Die 360-Grad-
Drehung um diese Achse ergibt das Modell, einen Torus)
Region des Mat-Pols
Region am Zerstrahlungspol
Achse
Region inneres Feld am MatPol
Region im Kern, zwischen MatPol u.Symm.-Ebene
Region im Kern, zwischen Zerstr.-Pol u.Symm.Ebene
Reg.im innere Feld,
Region fern des Kerns, in der Nähe der Symmetrie-Ebene
Das Schema dient nur der unvermeidlichen Einführung neuer Begriffe.
Kein Maßstab, keine interne Größenrelation.

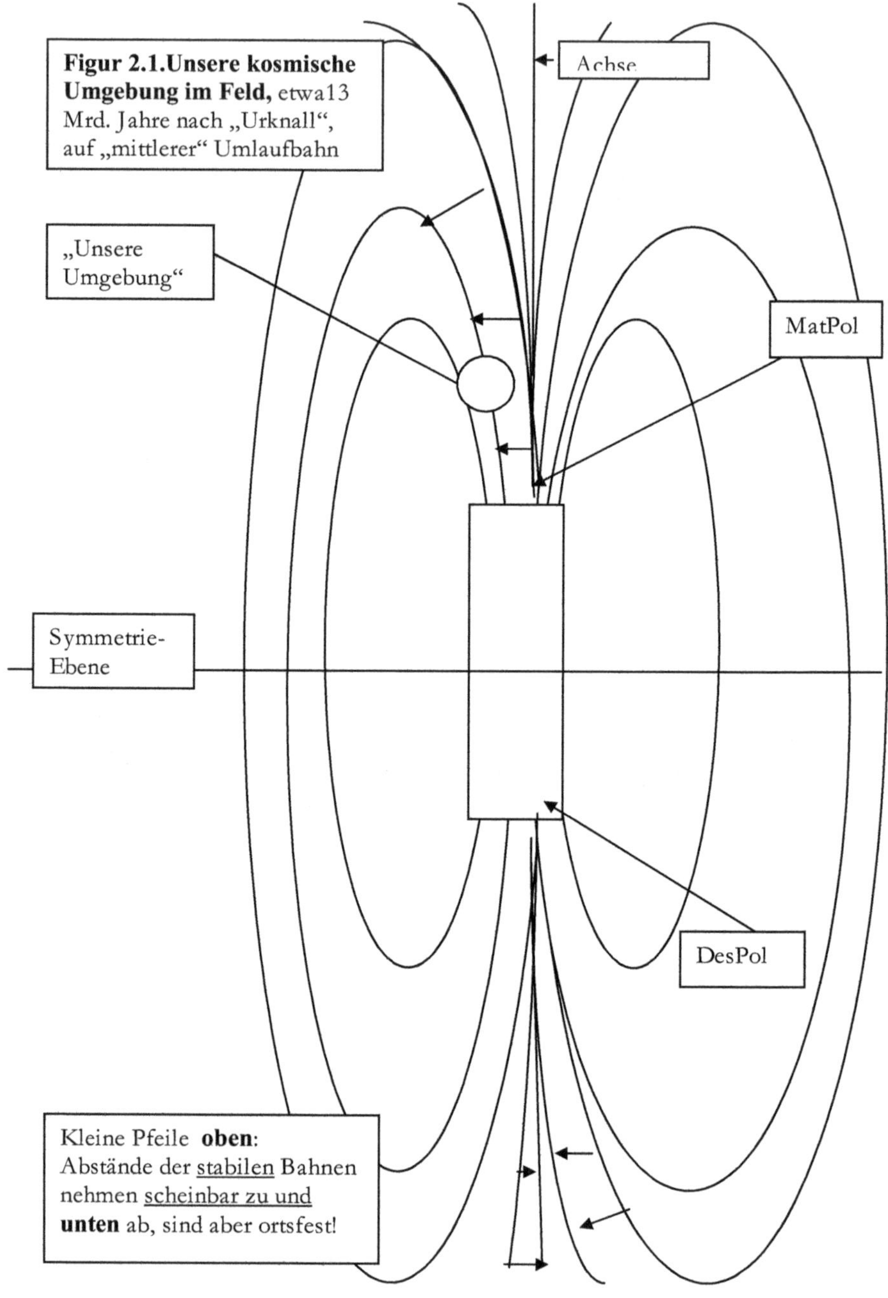

Figur 2.1.Unsere kosmische Umgebung im Feld, etwa13 Mrd. Jahre nach „Urknall", auf „mittlerer" Umlaufbahn

Kleine Pfeile **oben**: Abstände der stabilen Bahnen nehmen scheinbar zu und **unten** ab, sind aber ortsfest!

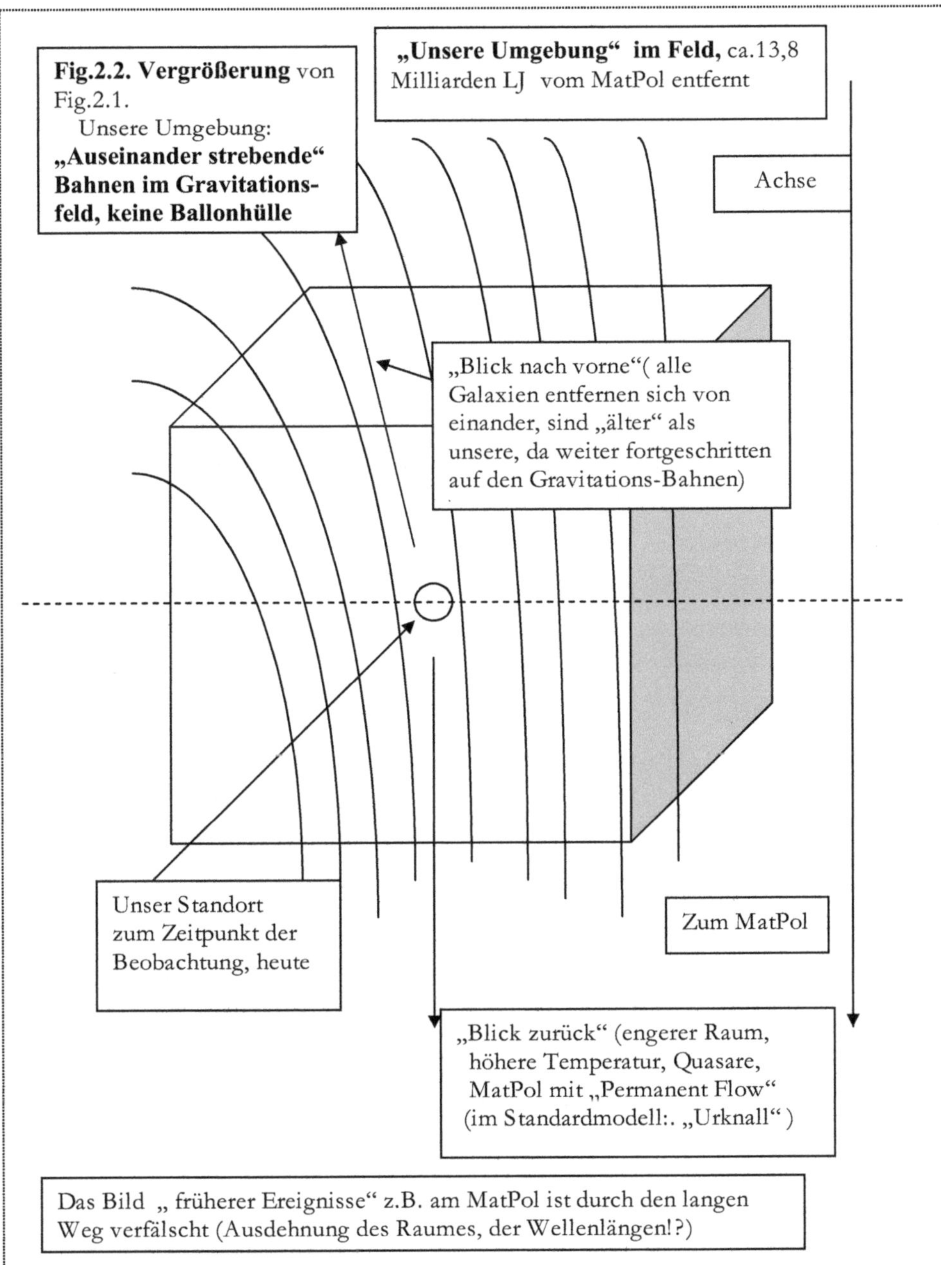

Fig.2.2. Vergrößerung von Fig.2.1.
Unsere Umgebung: „Auseinander strebende" Bahnen im Gravitationsfeld, keine Ballonhülle
„Unsere Umgebung" im Feld, ca.13,8 Milliarden LJ vom MatPol entfernt
Achse
„Blick nach vorne"(alle Galaxien entfernen sich von einander, sind „älter" als unsere, da weiter fortgeschritten auf den Gravitations-Bahnen)
Unser Standort zum Zeitpunkt der Beobachtung, heute
Zum MatPol
„Blick zurück" (engerer Raum, höhere Temperatur, Quasare, MatPol mit „Permanent Flow" (im Standardmodell:. „Urknall")
Das Bild „ früherer Ereignisse" z.B. am MatPol ist durch den langen Weg verfälscht (Ausdehnung des Raumes, der Wellenlängen!?)

<u>Glossar zum Gravitationsfeld- Dipol-Universum GDU</u>

„Kreisbahn" beschreibt meist einen <u>Bewegungsablauf</u> in Kreisform. Die„Bahn" kann <u>im</u> Vakuum, <u>um</u> einen kugelförmigen Raum /Körper oder <u>in</u> einem solchen verlaufen. Es können sich Objekte auf dieser Bahn befinden oder auch nicht. Eine „Bahn" kann einen Ausschnitt aus einem Kraftfeld darstellen und zu einem Magnetfeld, einem elektrischen Feld oder dem
Gravitationsfeld eines kosmischen Objektes gehören (Universum). „Umlaufbahn" bezieht sich auf ein <u>Objekt</u>, das in einem relativ beständigen Abstand (Radius) <u>um</u> ein zentrales reales Objekt kreist oder <u>um</u> eine virtuelle Achse. Nicht korrekt wäre die Anwendung von „Umlauf" auf den Äquator, denn da läuft nichts um. Er „erstreckt sich" um die Erde herum. Ebenso falsch wäre es, vom „<u>Umlauf" der Linien eines Magnetfeldes</u> (etwa der Erde) zu sprechen, denn die erstrecken sich von einem Pol zum anderen durch das Feld, zurück aber **durch den Kern** selbst. **Jenseits der Achse existiert spiegelbildlich ein zweiter solcher Teil-„Umlauf".**

„**Torus**" bezeichnet einen Körper, der durch Rotation zweier in einer Achse gespiegelter Teil- Umläufe (2-D, <u>Kreis**flächen**</u>) um diese Achse entsteht. Meist gibt es ein Loch um die Achse, <u>in der Form</u> vergleichbar mit dem Kern des Stabmagneten. Im GDU ist das Loch durch den Kern erfüllt, der nahtlos in das äußere Feld übergeht.

Die Kreisflächen sind erfüllt von Umlaufbahnen verschiedener Radien. Ihre <u>Mittelpunkte</u> liegen alle auf dem <u>Radius der weitesten Umlaufbahn,</u> auf dem sie alle zur Achse hin verschoben sind, bis die Bahn die Achse berührt und mit der gespiegelten Bahn zusammentrifft! Diese Berührung führt zur kurzen Abplattung.

Die Summe der Abplattungen ergibt die Achse des Torus - Universums!

Dessen „äquatoriale" Symmetrie-Ebene „trennt" die obere von der unteren Hälfte, die der „Expansions" - bzw. der „Kontraktionsphase" des Standard-Universums entsprechen. Wie lang der **Kern** ist, bleibt offen: er kann **auf Null gesetzt** werden, womit aus den elliptischen Bahnen Kreise werden.

Die Kraftlinien laufen dann nicht mehr im Zylinder parallel, sondern wie in zwei sich in der Symmetrie Ebene mit den Spitzen berührenden Kegel.

Das **<u>Modell des Universums</u>** besteht aus
- einem inneren **Kern**
- den beiden **Polen** des Kerns :
- dem **Materialisations-Pol (MatPol)** und
- dem **Zerstrahlungs- oder Desintegrationspol (DesPol)**
- sowie dem **Feld** , hier dem **Gravitationsfeld.**

Ebenso wie der Stabmagnet ist dieses neue Modell also ein **Dipol.**

Wir diskutieren im Folgenden:

- das **polnahe Feld** am Materialisationspol
(Feld /**Region am MatPol**)
- das **polnahe Feld** am Zerstrahlungs – oder
Desintegrationspol
(Feld /**Region am DesPol)**
- das **Feld/ die Region in mittlerer sowie
äußerster Polferne**
(nahe der Symmetrie- Ebene, außen)

Wir sprechen von gekrümmten **Pol-„Flächen"**, welche
etwa der Oberfläche optischer Linsen entsprechen.
Hier sind es Flächen, auf denen gleiche Zustände (Druck,
Temperatur) angetroffen werden und in deren Nähe der
Übergang vom **strahlungsdominierten Kern** zum
massedominierten Feld geschieht (am MatPol)
bzw. vom **massedominierten Feld zum Kern**
(am DesPol) erfolgt.

Die <u>Symmetrie-Ebene (SE)</u> ist ein Hilfsmittel zur
Ortsbestimmung und dient der Veranschaulichung der
Beschreibung. **Diese Ebene repräsentiert aber auch
wichtige
<u>Funktionen</u>:**

- **sie spiegelt alle <u>Zustände</u> einer Hälfte** des
Universums symmetrisch in die jeweils andere Hälfte
und
- **<u>sie kehrt damit die Richtung der</u> in den Regionen
der anderen Hälfte <u>ablaufenden Prozesse um.</u>**

Zentraler Gedanke meines Modells ist , dass alle Materie
nach dem Umlauf durch das Gravitations<u>feld</u> im
Desintegrations-Pol des <u>Kerns</u> zerstrahlt und dieser
Vorgang in nächster Nähe zur
**<u>Symmetrie-Ebene mit der Abtrennung der Gravitonen
von den Neutrinos</u> seinen Höhepunkt erreicht.**
(siehe auch S. 46 ff.)

**Der Vorgang ist <u>permanent</u> und an den <u>Ort</u> gebunden.
<u>Jeweils gleiche Bedingungen</u>** herrschen auf inneren,
mittleren und zum Teil auch äußeren Umlaufbahnen der
2-D-Querschnitte durch den Torus, nämlich an

- - **Orten** gleicher <u>Entfernung vom Pol,</u> gemessen
auf **Bahnen** mit **gleichem Radius** (jeweils
zwei oder mehreren der inneren, mittleren oder
äußeren Bahnen)
- - **vergleichbaren Phasen von Bahnen mit
unterschiedlichen Radien** (z.B. <u>äußerster Teil</u>
<u>einer inneren Bahn</u> und <u>innerer Teil einer</u>
<u>mittleren Bahn.</u>)

Nur eingeschränkt gilt das für äußere Bahnen - fernab
von den Polen- da auf ihnen sehr niedrige Temperatur
herrscht, welche auf weiter innen laufenden Bahnen
nicht angetroffen wird.

Elemente des Gravitationsfeld-Dipol-Universums (GDU) aus dem **Standard-Modell der Kosmologie.**

Aus Steven Weinbergs „Die ersten drei Minuten" übernehme ich die konsequente Beschreibung des jeweiligen **Zustandes des Universums** (von Materie und Strahlung) allein über **Temperatur und Radius.**

Die **Rotverschiebung** der Spektrallinien im Spektrum des Lichts der Galaxien deutete Hubble als Beweis für die fortwährende kugelförmige Ausdehnung des Universums. Für die Berechnung des Zustandes des Standard-Universums genügte Weinberg diese

- **Deutung der Rotverschiebung** zusammen mit der
- Entdeckung der **Hintergrundstrahlung und deren Deutung als Rest des Urknalls** („ Big Bang)", um

auf der Zeitachse „rückwärts gehend" dem Urknall sehr nahe zu kommen.

Zweifel an Singularität und Expansion

Die auf Temperatur und Radius beruhende Beschreibung des Universums in verschiedenen „Bildern" beginnt eine **hundertstel Sekunde nach dem Urknall!**

Der entscheidende Moment - der Urknall selber - ist nicht erklärt. Es bleibt die Frage an das Standardmodell, was denn „vorher" war und was nach der Kontraktionsphase aus dem Universum werden wird.

Die Einführung der „Singularität" hilft nicht weiter!

Ohne diese Entdeckungen und ihre Deutung wäre es aber nicht zum Standard-Modell gekommen und zu meinen Zweifeln erst recht nicht. <u>Ich werde weiter unten die</u> **<u>Ursache der Rot-Verschiebung anders beschreiben</u>** und die für die

<u>Kontraktionsphase zu erwartende Blau-Verschiebung zu widerlegen versuchen</u>.

Den Weg vom heutigen Zustand aus zurück folge ich Weinberg, lehne aber die Singularität als Ursprungs-Ort und letzte Konsequenz ab, ebenso den „Urknall".

Weinberg selber liefert dazu die Argumente: Er beschreibt den Zustand des Universums anhand der Temperatur - wie auch sonst? - , beginnt aber nicht bei $1,5 \times 10^{12}$ Grad, etwa eine Tausendstel Sekunde nach dem „Urknall", sondern „erst" eine Hundertstel Sekunde danach, bei nur noch 10^{11} Grad. Weiter zurück zu gehen sei zu schwierig und werde dann zu spekulativ. (Siehe „Die ersten drei Minuten" 5. Auflage 1985, S.113 ff.) Dass wir uns in einem sich ausdehnenden Universum befinden, akzeptiere ich nur insofern, als wir uns **<u>zwar in einer sich a n s c h e i n e n d ausdehnenden Region dieses Universums befinden,</u>** über andere Regionen aber nichts beobachten konnten und deshalb - pars pro toto - von unserer Region auf ein sich insgesamt ausdehnendes Universum schließen.

Diesen Schluss halte ich für falsch!

Geht man - wie bisher üblich - vom Urknall als einer Explosion von Raum, Strahlung und Materie aus, kann man sich vorstellen, die Ausdehnung dieser Explosion ging und gehe in alle Richtungen gleichmäßig vonstatten. Das kann aber nur sein, wenn das Universum tatsächlich aus einem „kugelförmigen" Nullpunkt heraus entstanden wäre. Nein !

Hier liegt der „Fehler" im Standard-Modell!

Es ist zu überzeugend dargestellt, als dass jemand an der kugelförmigen Expansion und der Kontraktion in die Singularität hätte zweifeln können, zumal die Fachwelt wohl Jahrzehnte keine Zweifel hegte oder wagte, diese auszusprechen.

Aus dieser Vorstellung:„ von Anfang an kugelförmig , *nur ein* Knall und „in alle Richtungen" **wird fast zwangsläufig der „leere Ballon", dessen Häutchen unsere Welt, den dreidimensionalen Raum darstellen soll (??)**

Damit beginnen die Versuche, zu erklären, wie denn das Innere des Ballons beschaffen sei („Vierte Dimension", unser 3-D-Universum sei die Projektion eines Raumes mit *mehr als* drei Dimensionen auf eine niedrigere Betrachtungsebene; etwa so, wie wir einen dreidimensionalen Körper als Schatten auf einer zweidimensionaler Fläche abgebildet sehen??)

Akzeptiert man diese Vorstellung, bleibt auch nur der Zusammensturz zurück in die Singularität, wenn denn die Gravitation einst die Expansion stoppt und umkehrt.

Dieser Sturz ist wiederum nur bis zu einer bestimmten Grenze akzeptabel, aber nicht in den dimensionslosen Nullpunkt hinein.

<u>Übernommene Elemente aus dem</u>
Steady - State - Modell

Akzeptiert wird die Vorstellung vom Universum
(als Ganzes)
   als eine sich n i c h t verändernde Struktur !!
Akzeptiert wird damit, dass das „*Universum* (das
   Ganze*) schon immer so war, wie es ist*".
   Ein Schöpfungsakt in Form eines Urknalls ist nicht
   notwendig.
Akzeptiert wird damit auch, dass es sich **nicht**
   ausdehnt und **nicht wieder in sich zusammenstürzt.**
Akzeptiert wir letzlich, **dass „Materie ständig neu**
   entsteht" *(und zwar* aus der Strahlung des Kerns am
   MatPol und nicht in Form einzelner Atome irgendwo
   in den Tiefen des Raumes aus dem Nichts)
   und ständig verschwindet (beim Eintritt in den
   DesPol zerstrahlt).

Die Gestalt des Gravitationsfeld-Dipol-Universums :
Der Torus.

In Figur 1.2. „Gestalt und Typische Regionen…" sehen
wir einen 2-D-Schnitt durch das GDU entlang der
<u>Längsachse des Kerns.</u>
Eine180-Grad-Drehung um diese Achse ergibt den Torus,
einen Körper mit der Form eines Rettungsringes.
Allerdings ist das „Loch" dieses Ringes total durch den
Kern des Systems ausgefüllt, an den sich nach außen
das **Feld** dicht anschließt.
Das ist zwangsläufig so, da sonst eine Zone existierte,
welche weder zum Kern noch zum Feld gehört –
ein „Unding", das es nicht geben darf.
Der Kern ist im Folgenden näher beschrieben.
Fraglich ist dabei im Wesentlichen nur seine Länge
(entlang der Achse gemessen) und der
Winkel zwischen den Gravitationsbahnen und der Achse
 - der Öffnungswinkel an der Spitze der beiden sich in der
SE berührenden und einer Kugel einbeschriebenen Kegel.

**Die Länge des <u>Kerns</u> (Achse beider Kegel) kann
gegen Null gehen.**

Im Verhältnis zur Ausdehnung des Feldes macht er etwa
ein Tausendstel Promille aus.
Damit wäre der „Kern" nicht mehr zylinderförmig.

**<u>Seine Form, der Doppelkegel, wäre dann auf den
zentralen Teil der Symmetrie-Ebene (SE) reduziert.</u>**

In diesem Falle beschränkt sich totale Zerstrahlung und Ablösung der Gravitonen von den Neutrinos auf d e n Teil der SE in der Nähe der Achse, in dem die Temperatur über 10 ^{12} liegt, wo alle Teilchen auch als Strahlung betrachtet werden können, da sie ständig ihre Natur wechseln: mal Strahlung, dann wieder Materie (Weinberg).

Denkt man weiter, kommt man wohl an noch **eine**, die **höchste** Schwellentemperatur, bei der die Bindung der Gravitonen an die Neutrinos aufgelöst wird –
ob bei 10^{14}, 10^{15} Kelvin oder höher, sei dahingestellt.

Bei dieser Form des Kerns bleiben **<u>Teilchen, welche in einer bestimmten Entfernung von der Achse durch die SE gehen, als Bausteine (Neutronen, Elektronen) erhalten,</u>** <u>werden aber mit ihrer Bahn kurz vor der SE abgelenkt, so dass sie parallel zur Achse durch die SE gehen und danach auf den Bahnen des Kegels laufen, sobald sie diese SE durchquert</u> haben.

Diese Ablenkung von der „geradlinigen" Bahn betrifft jene Neutrinos, welche nahe der Achse auf die SE zu streben. Je näher sie der SE kommen, desto höher der Anteil von Neutrinos, welche ihre Gravitonen verloren haben, gravitationslos geworden sind, ihre Richtung beibehalten.

<u>Nicht drei Arten Neutrinos</u>, wie Weinberg vermutete, **sondern drei <u>Mischungsverhältnisse an drei verschiedenen Orten</u>**, bei der Annäherung an die SE!

48

Was treibt die gravitationslosen Neutrinos auseinander??
Der Druck der „nachrückenden" Teilchen ?
Oder Strahlungsdruck, der in der Kontraktionsphase
(des ersten Kegels) nicht gegen die rasant zunehmende
Gravitation ankam, die jetzt aber für kurze Zeit
aufgehoben ist? (Delle in den Kreisbahnen beim
Aufeinandertreffen gegenläufig drehender Objekte.
Negative Gravitation ?? (**2-Reifen - Effekt**!)
Ist negative Gravitation überhaupt erforderlich – und
denkbar?) Immerhin nimmt die Gravitation indirekt
zum Quadrat des Abstandes zur SE zu: halber Abstand-
vierfache Gravitation; und dieser Vorgang geschieht
kurz vor dem Erreichen der SE unvorstellbar schnell!
Ist aber die Gravitation „schlagartig" etwa 10^{-30}
Sekunden vor Erreichen der SE auf praktisch Null
abgesunken, werden sich Gravitonen und Neutrinos mit
Lichtgeschwindigkeit (oder schneller, da ja keinerlei
Bindung mehr vorhanden ist??) für sehr kurze Zeit
einerseits weiter entlang der Achse des GDU, andererseits nach allen Seiten von dieser Achse fort bewegen.
Diese beiden Komponenten oder Vektoren ergeben die
Kegeloberfläche. Die Öffnung an der Kegelspitze kann
nicht über 90 (zwei mal 45) Grad betragen, wenn
Teilchen auf beiden Vektoren an die LG gebunden sind.
Gleiches gilt im ersten Kegel bei der Kontraktion im
umgekehrten Sinne!

Hier hilft die Symmetrie, das Problem
„Singularität /Urknall" zwanglos zu überwinden!

Bestandteile dieses Modells finden sich bei Weinberg
und Hubble. Allerdings muss man Weinberg„vorwerfen",
dass er **weder den letzten Schritt zum „Urknall"** getan
hat, weshalb er auch nicht auf die Idee mit der höchstmöglichen Schwellentemperatur kam und auf die daraus
folgende Ablösung der Gravitonen von den Neutrinos
und /oder Quarks; und dass er die Erkenntnis der
„drei Arten von Neutrinos" (mit, mit verschwindender
und ohne Gravitation) **nicht noch einmal bedacht** hat
und deswegen nicht darauf gekommen ist, dass es alles
die gleichen Neutrinos sind, die aber mit der Annäherung
an die Symmetrie-Ebene (also an den **Ort und die dort**
herrschenden Bedingungen gebunden) eines nach dem
anderen aufgrund des Überschreitens der ebengenannten
Temperatur sein Graviton verliert. Was spricht jetzt noch
gegen das Gravitationsfeld-Dipol-Modell ??

Die Rotverschiebung

oder besser gesagt: deren Ursache (nach Hubble!) und
die daraus gezogenen Folgerungen!
Man muss sich nur noch damit abfinden, dass die
„expandierende erste Hälfte" des Urknall-Universums
***nicht* die Form einer sich aufblähenden Kugel hat,**
- die „innen leer ist" - sondern die Form eines **zweiten**
Kegels im Kern des GDU, in dem und über den hinaus
sich der **„Strom der Gravitations-Bahnen"**
von der Spitze bis zur Polfläche des Materialisierungs-Pols
in das Feld erweitert. Immer daran denken:

„<u>Weder die Bahnen noch die Kegel „erweitern sich"</u> !

Sie waren, sind und bleiben statisch –
bis auf dem ersten „Schöpfungs-Umlauf" !?

Nur die <u>Objekte,</u> die verschiedenen Bahnen folgen, entfernen sich in diesem Kegel von einander.

<u>Das setzt sich durch das äußere Feld bis zur Symmetrie-Ebene fort.</u> Dort beginnt dann in Folge der Funktion dieser Ebene die scheinbare Annäherung der Bahnen, die V e r e n g u n g des Raumes und die Erwärmung, letztlich der Eintritt in den Desintegrations-Pol und damit in den ersten Kegel - womit auch die Kontraktionsphase des Urknall-Universums im GDU abgedeckt wäre!

(Und das ohne Blauverschiebung ! Siehe nächste Seite).

Warum entfernen sich nach dem Durchgang durch die SE die gravitationslosen kleinstmöglichen Teilchen von einander?

Abgetrennte Gravitonen h a b e n keine Gravitation,
s i e s i n d (die Quanten der) Gravitation.

<u>Ihre Wirkung kommt erst zur Geltung, wenn sie</u> (unterhalb der zitierten Schwellentemperatur) <u>an ein Masse-Quant andocken.</u>

Gibt es eine **n e g a t i v e Gravitation (??),** welche diese momentane Trennung von Graviton / Masse-Quant „ausnutzt" und - solange die Gravitonen abgetrennt (oder „befreit") sind - die **Masse-Quanten auseinander treiben kann,** bis der von den p o s i t i v e n Gravitonen erfüllte Raum soweit abkühlt, dass diese

wieder an die Masse andocken und der „normale Zustand"
wieder hergestellt ist?
Überwiegt die Anzahl der positiven die der negativen
Gravitonen ?? Kommt die negative Gravitation nur dann
zum Zuge, wenn die positive ausgeschaltet ist?
Ich kann keine fundierten Gesetze oder Feststellungen
hierzu formulieren. Eine ganz einfache Vermutung darf
ich noch zur Ausbreitung der Gravitonen und gravitationslosen Neutrinos jenseits der SE äußern:
Ebenso wie Gase sich im zur Verfügung stehenden Raum
ausbreiten, wenn dieser leer oder mit einem anderen Gas
gefüllt ist, könnte dieser Vorgang (Diffusions-„Trieb")
auch die Teilchen und Wellen jenseits der SE betreffen,
die sich dort ungehindert ausbreiten können.

**<u>Kosmische Objekte</u> auf verschiedenen Umlaufbahnen
e i n e s z w e i - dimensionalen Querschnittes durch
das GDU - und Vergleich (d r e i - dimensional)
mehrerer Querschnitte.**
Zu den folgenden Figuren :
Wir betrachten eine Gruppe von drei kosmischen
Objekten
  - auf verschiedenen Gravitations-Bahnen (innere,
    mittlere, äußere)
  - in je drei verschiedenen Entfernungen :30, 60 und 90
    Mrd. LJ bzw. Jahre nach dem Austritt aus dem MatPol.

1. Die <u>Entfernung vom MatPol ist auf der Kreisbahn</u> bzw.
   leicht elliptischer Bahn <u>zu messen</u>.
   Es sind **nicht die Radien der Kreise** in der Skizze
   gemeint, da diese gemäß **Standard-Modell** nur die
   „geradlinige" Entfernung von der Singularität (Urknall)
   zum Ballonhäutchen, also:
   „Radius =Alter mal (LG minus Verzögerung)"
       angeben würden.
   „Gerade Radien", auf denen sich Objekte mit Masse und
       Gravitation bewegen, kann es nicht geben!
   Die Gravitation wird stets die Krümmung des Raumes und
       jedes einzelnen Radius´ bewirken.
   <u>Im Gravitations-Dipol-Modell folgen alle Objekte den</u>
   <u>Gravitations-Bahnen, welche den Raum krümmen</u>
       <u>und ihrerseits dem gekrümmten Raum folgen.</u>
   Diese „gekrümmte Entfernung" ist also auf kreisähnlichen
   Ellipsen zu messen. Ich verwende in den Skizzen Kreise,
   weil die <u>Achse des Kerns</u> im Verhältnis zum Radius der
   <u>äußersten Umlaufbahn verschwindend kurz</u> ist und die
   Ellipsen daher zu fast idealen Kreise werden.
   Im Prinzip ändert das aber nichts.

2. Das Folgende gilt nur für Materie. (Licht -) Wellen
wären gesondert zu betrachten. <u>Wir beginnen mit der</u>
<u>Darstellung bei einem</u>
       Abstand (Ort!) von 30 Mrd. LJ vom MatPol:

Lange vorher, ab ca.3 Mrd. LJ vom Pol, fand die Bildung der Quasare statt und die dürfte bei 7,5 Mrd. LJ „abgeschlossen" sein. (Entfernung, nicht Zeit!)
Wegen der Symmetrie des Systems müssen wir kurz vor dem Ende der Umlaufbahnen eine ebenso lange Phase von Schwarzen Löchern ansetzen, die ja „Spiegelbilder" der Quasare darstellen.
Deshalb sind innere Umlaufbahnen mit weniger als 30 Mrd. LJ (2x15) Gesamtlänge hier nicht einbezogen, weil sie sich noch /schon zu nahe an der Region /dem Zustand „Gemisch aus Strahlung und Masse" befinden.

3.Die drei Objekte I, M und Ä (Auf **I**nnerer, **M**ittlerer und **Ä**ußerer Bahn) seien vor
30 Mrd. Jahren aus dem MatPol ausgetreten.
Das Objekt **I** hat den **halben Umlauf beendet** und durchquert die Symmetrie - Ebene.
Die Verzögerung durch Gravitation aus Richtung MatPol ist hier ebenso groß wie die Beschleunigung, die vom DesPol her wirkt.
Das Objekt „fliegt senkrecht nach unten".
Das Objekt **M** hat ein Viertel der Umlaufbahn hinter sich. Es wird noch abgebremst, da es näher am MatPol als am DesPol ist. Es „fliegt nach links weg".
Das Objekt **Ä** hat erst ein Achtel des Umlaufs hinter sich, wird noch lange abgebremst (bis zur SE) und „fliegt mit 45 Grad nach links oben".

Konstellation nach 30 Mrd. LJ

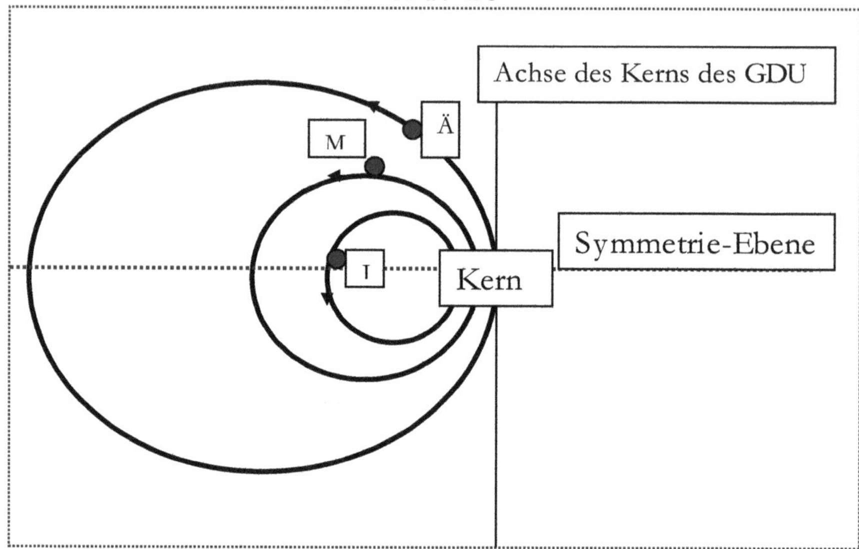

Der angedeutete „Spiralarm" strebt **nicht** auf das Zentrum
zu! Der Eindruck entsteht nur dadurch, dass die inneren
Flugkörper eine viel höhere Winkelgeschwindigkeit haben
und die jeweils weiter außen liegenden auf ihrer längeren
Kreisbahn deutlich zurück bleiben.

Alle drei Objekte sind „gleich alt", fliegen in verschiedene Richtungen und **entfernen sich von einander.**
Von allen drei Objekten aus wird Rotverschiebung
(RV) beobachtet - je größer der Winkel -Abstand,
desto höher der Wert der RV
Rotverschiebung ist kein Beweis
für die Ballon-Häutchen-Form des Universums !

Konstellation nach 60 Mrd. LJ

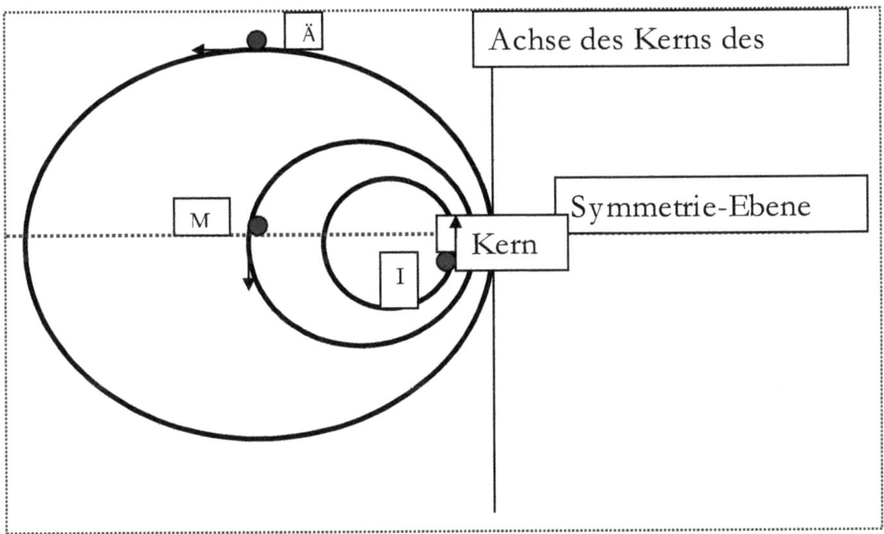

Im Abstand von 60 Mrd. LJ vom Mat Pol sind die
gleichzeitig aus dem Pol in das Feld eingetretenen Objekte
in folgender Konstellation anzutreffen:
Objekt I, genauer gesagt - da es sich in der Region der
Schwarzen Löcher aufgelöst hat - seine Reste haben den
Kreislauf vollendet, stürzen in den DesPol des Kerns.
Es spielt für eine eventuelle Rot- oder Blau-Verschiebung
keine Rolle mehr.
Es erreicht den DesPol mit der gleichen Geschwindigkcit,
mit der es aus dem MatPol austrat, da die Abbremsung
in der „oberen" Hälfte des Universums durch die

Beschleunigung in der „unteren" genau aufgehoben wird.
 (Das gilt in dieser Struktur für alle Bahnen und Objekte)
Objekt M fliegt abgebremst nach unten. Beide
(M und Ä) entfernen sich von einander: Rotverschiebung!
Objekt Ä entfernt sich in diesem Moment nach links,
wird noch gebremst. Die Entfernung zum ex- I und M
nimmt zu:

Rotverschiebung!

Konstellation nach 90 Mrd. LJ

Objekt M, das nach 60 Mrd. LJ die Symmetrie-Ebene
durchschritten hat, ist jetzt noch 30 Mrd. LJ vor dem
DesPol . Es fliegt unter starker Beschleunigung auf die
Zone der Schwarzen Löcher zu (nach rechts oben
sozusagen).
Objekt Ä hat noch 30 Mrd. LJ bis zur SE. Es wird
immer noch leicht abgebremst. Es entfernt sich von
Objekt M:

Rotverschiebung!

Konstellation nach 90 Mrd. LJ

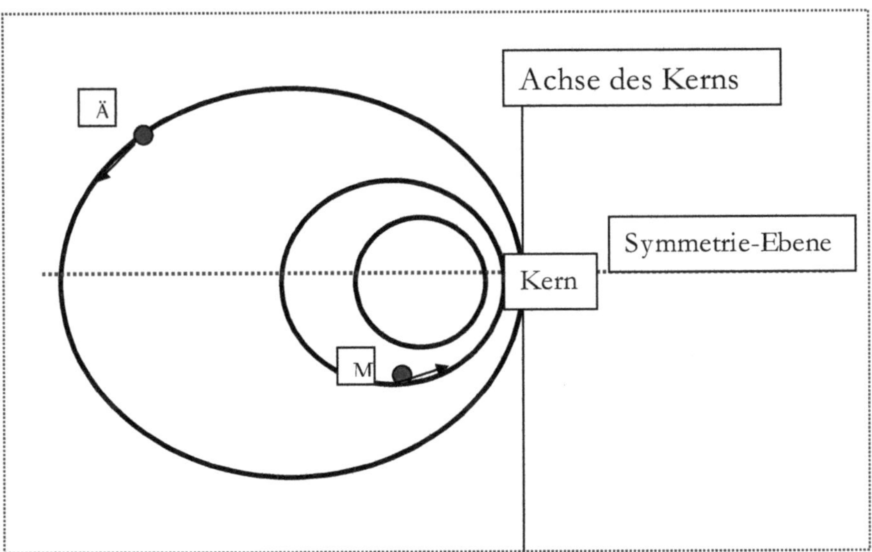

Weitere 30 Mrd. LJ : auch M ist im Kern verschwunden .
Ä allein ist als einziger Drilling übrig geblieben.
Alle inzwischen neu entstandenen Objekte passen nicht in
diesen Lebenslauf und die möglichen Konstellationen der
drei gleichzeitig entstandenen Objekte.
Sie unterliegen aber den gleichen Bedingungen und
Folgerungen, ob sie nun auf den in der Skizze
gezeichneten Bahnen oder auf anderen laufen:
Immer gibt es Bahnen, die weiter innen oder weiter außen
laufen, es sei denn, man geht von der **alleräußersten** Bahn
aus, die ja die Grenze des Universums darstellt.

Drei Objekte fliegen <u>gleichzeitig</u> durch die SE

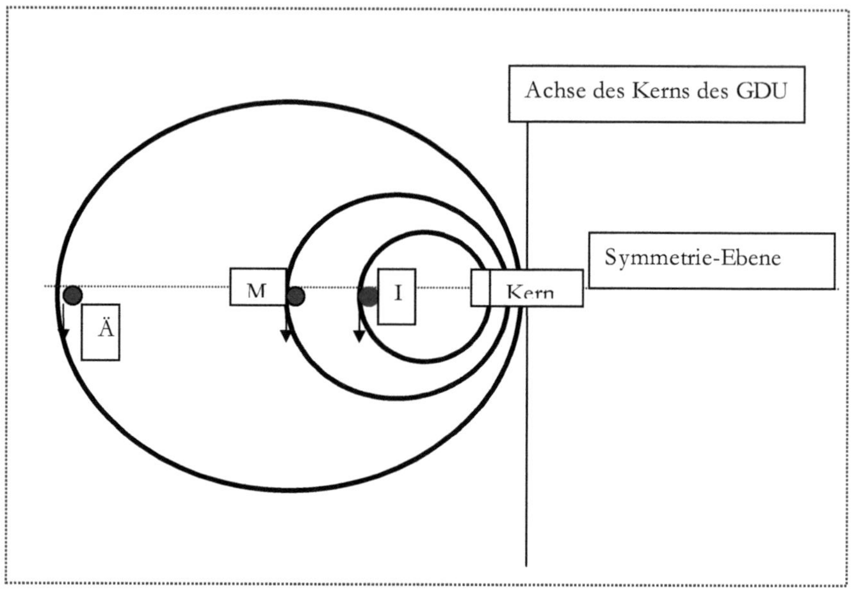

Bis M den „untersten Punk" erreicht hat, ist I im Kern verschwunden. Da I eine engere Kurve fliegt, entfernt es sich bis zu dieser Zeit von M.

Zwar „nähern" sich die Bahnen von M und I im weiteren Verlauf an, aber I „kriegt schneller die Kurve" **(Rotverschiebung!)**, löst sich auf und verschwindet. Ähnliches gilt für M und Ä. Wenn Ä ganz unten ist, verschwindet M unter Rotverschiebung nach oben im Kern.

Alle inzwischen neu entstandenen Objekte passen nicht in diesen Lebenslauf und die möglichen Konstellationen der drei gleichzeitig entstandenen Objekte.
Sie unterliegen aber den gleichen Bedingungen und Folgerungen, ob sie nun auf den in der Skizze gezeigten Bahnen oder auf anderen laufen: Immer gibt es Bahnen, die weiter innen oder weiter außen laufen, es sei denn, man geht von der **alleräußersten** Bahn aus, die ja die Grenze des Universums zum Nichts darstellt, oder von der **innersten,** welche der Achse am nächsten ist.

Keine Blauverschiebung weit und breit, obwohl sie doch für die Kontraktionsphase des Standard-Modells zu erwarten war.

<u>Der Vollständigkeit halber:</u>
<u>Objekte auf gleicher</u> Bahn, welche mit einigem <u>Zeitabstand</u> aus dem Pol hervorgingen, können sich nicht einholen, kommen sich auch nicht näher!
Wenn sie auf einer gemeinsamen Bahn „fliegen", haben sie gleiche Umlaufzeiten und auch gleiche Durchschnitts-Geschwindigkeiten.
Fliegen sie mit dem **zeit**lichen Abstand d_t an e i n e m bestimmten Punkt vorbei, dann tun sie das an j e d e m beliebigen Punkt dieser Bahn.

<u>Wo liegt der Fehler??</u>
In dem Schluss, die Rotverschiebung sei ein <u>Beweis</u> für die kugelförmige Expansion und die vermutete Kontraktion in der zweiten Hälfte des zeitlich veränderlichen Zustandes des Urknall-Universums –
und daraus ließe sich rückwärts bis zum Urknall rechnen sowie vorwärts auf die Blauverschiebung
<u>Diese Deutung der</u>
<u>Ursache der Rotverschiebung ist</u>
<u>aber nicht die einzig mögliche !</u>
<u>Und damit nicht länger ein stichhaltiger Beweis !</u>

Noch mal zum **<u>Umlauf in Kern und Feld</u>**
Die Momentaufnahme zeigt einen **Zustand** an, der keinen Rückschluss darauf zulässt, ob wir die eine oder die andere Hälfte des Universums betrachten.
Ein wichtiges Merkmal von dessen Struktur ist ja eben die Symmetrie. Das lässt sogar die Überlegung zu, dass die Objekte nicht nur in einer Richtung das **Feld** durchlaufen (vom MatPol zum DesPol), sondern, dass wegen der gleichen Zustände an den beiden Polen diese quasi austauschbar seien und die eine Hälfte der Objekte in der einen, die zweite Hälfte in der entgegen gesetzten Richtung umläuft!? Dann *wäre* die Vorstellung erlaubt, dass das für die gesamte Masse des Universums ebenfalls möglich sein *könnte*. Das *wäre* eine prima Erklärung für die Bildung von Wirbeln, Spiral- Galaxien!

Im Feld müsste dann aber ein Gleichgewicht von Rot- und Blauverschiebung bestehen, weil in „unserer" Hälfte viele Galaxien uns „entgegen kämen". Tun sie aber nicht, wofür die Abwesenheit von Blauverschiebung ein Indiz ist. Wäre das Universum noch sehr jung (im ersten, noch unvollendeten Umlauf), könnte es der Fall sein, dass die Objekte aus der anderen Hälfte (bzw. das von ihnen ausgesandte Licht) uns noch nicht so nahe sind, dass wir deren ins Blaue verschobenen Spektrallinien erkennen könnten. **Im Feld** könnten sich wegen der sehr weiten Räume die Galaxien „im Gegenverkehr" ohne häufige Kollisionen durchdringen. **Im Kern** – bei immer enger werdendem Raum – käme es spätestens an der Symmetrie-Ebene zum **Aufeinandertreffen der zerstrahlenden Objekte mit zwei mal fast Lichtgeschwindigkeit** und den sich daraus ergebenden Folgen (?). Hier könnte man die totale Auflösung der kleinsten Atomkern-Bausteine erwarten und die Loslösung der Gravitations-Quanten von den Quarks, Photonen und Neutrinos. Kann es sein, dass bei diesem Zusammenprall an der SE die eine Hälfte die Oberhand gewinnt / gewonnen hat und dann die „Verliererhälfte" ständig abnahm, bis alles sich nur noch im Umlaufsinne der „Gewinnerhälfte" auf den Bahnen bewegte? Ist etwa die Antimaterie auf diese Weise eliminiert worden, zerstrahlt, umgepolt und zu „normaler" Materie recycelt??

<u>Erweiterung der Skizzen zum 3-D –Torus</u> .

Dieser Torus ist ein ringförmiges Gebilde um die Achse
des GDU herum.

Jeder Querschnitt ist ein zweidimensionales Abbild mit
zwei identischen **<u>Kreisflächen</u>**, je eine auf einer Seite der
Achse. Diese sind **durch Krei<u>sbahnen</u> derart gefüllt**,
dass deren Mittelpunkte auf einer Geraden liegen, welche
einen Radius der Symmetrie-Ebene bildet.

Wir hatten in den vorstehenden Skizzen nur je eine Seite
abgebildet.

**Es existiert natürlich ein spiegel-identischer Teil
jenseits der Achse des Kerns**.

Die Kreisbahnen berühren sich alle mit ihrem der Achse
des Kerns nächsten Punkt. Sie stellen alle einen
kohärenten Strom dar <u>(keine leeren Zwischenräume!)</u>

Der Blick **auf beide Teile des Querschnitts** zeigt auch
hier, dass eine <u>Spiegelung</u> vorliegt.

Um den ganzen Torus zu erfassen, müssen wir den Querschnitt des Torus einmal 180 Grad um die Achse rotieren
lassen. Was bringt das?

Wir erkennen, dass zwischen unserem ersten Querschnitt
und einem zweiten – sagen wir nach einer Drehung von 10
Grad – ein Gebilde entsteht, das man mit der Scheibe eines
<u>kreisförmigen Wurst-Ringes</u> vergleichen kann: <u>beide
Seiten der Scheibe sind kreisförmig und in jeder Hinsicht
identisch.</u>

Da die Wurst aber auf der Innenseite des Rings einen
kleineren Radius und Umfang hat als außen, sind die
dem Kern zugewandten Teile der ersten Schnittfläche
denen der zweiten Schnittfläche
innen näher als draußen, auf der kernfernen Seite.

Womit sich eine **weitere Komponente zur
Rotverschiebung** ergibt und zwar räumlich betrachtet
vertikal zu den Querschnitten und **proportional zum
Winkel** zwischen den jeweiligen Querschnitten.
**Da die Objekte sich auf Bahnen bewegen, zwischen
denen der Winkel bis zur SE konstant ist , ist auch
dieser Anteil an der Rotverschiebung bis dort hin
konstant.**
Was nichts anderes bedeutet als: je weiter die Objekte
voneinander entfernt sind, desto stärker die
Rotverschiebung…**und das ohne Kugelform und
Expansion des Universums, allerdings nur bis zum
Erreichen des am weitesten entfernten Punktes
der Umlaufbahnen (in der SE) !**
Danach nähern sich die beiden Seiten der „Wurstscheibe"
wieder einander an und die genannte weitere Komponente
der Rotverschiebung wird aufgehoben.
Es bleibt die in den Querschnitten beobachtete Wirkung
der auf Bahnen mit unterschiedlichen Radien fliegenden
Objekte I, M und Ä auf die Verschiebung der Spektral-
Linien.

Eine weitere Komponente der Rotverschiebung ergibt sich also **vertikal zu den Querschnitten und ist proportional zum Winkel zwischen den Querschnitten.**
Für uns, die wir noch weit von der Symmetrie-Ebene entfernt sind, gelten weiterhin die **beiden** beschriebenen Ursachen der Rotverschiebung. Erst jenseits der SE tritt der Effekt ein, der eine der Ursachen rückgängig machen könnte, also in etwa 50 Mrd. Jahren.
Die hier beschriebene „Wurstscheibe" haben wir mit einem Winkel von 10 Grad aus dem Kranz geschnitten. Das ergibt 36 Scheiben pro Ring. Bei einem Umfang von etwa 240 Mrd. LJ des Universums- Torus sind das pro Scheibe **6,67 Mrd. LJ** Anteil am **Außen**-Umfang (Abstand auf dem Kreis!) **zwischen den beiden** kreisförmigen 2-D Querschnitten.
Dieser Abstand ist gewaltig! Selbst wenn man eine „mittlere Bahn" (im Inneren einer solchen Wurstscheibe) betrachtet, auf der wir uns mit unserer kosmischen Umgebung bewegen, bleiben mehr als **drei Mrd. LJ Abstand zur nächsten Bahn und das ist etwa 1000-mal soviel wie der Abstand zur Andromeda-Galaxie, unserem nächsten Nachbarn !**
Es ist kaum zu glauben, dass zwischen zwei benachbarten Umlaufbahnen solch riesige Abstände liegen sollen.
Ob und wie viele Bahnen mit großen Objekten es dort tatsächlich gibt, weiß ich nicht!

Nun ist diese wie jede Umlaufbahn in diesem Universum auch noch **orts-stabil** und das **nicht „vorübergehend"** - wie das als Folge der Expansion für das Standard-Modell angenommen wird – sondern „ewig" mit diesem Radius anzutreffen! Es gibt natürlich engere und weitere Umlauf-„Bahnen" auf diesem und jedem anderen 2-D-Querschnitt, insgesamt aber keine einzelnen Bahnen, **sondern den kohärenten Strom** und in diesem **in jeder Richtung auf** einem der vielen möglichen Querschnitte **in jeweils gleichem Abstand vom MatPol einen Ort, an welchem gleiche Bedingungen gegeben sind** wie auf **unserer Bahn, was zu einer Art Ring führt, auf dem vielleicht (wenn überhaupt?!) erdähnliche Exoplaneten bestehen könnten.**
Einen zweiten solchen Ring gibt es wiederum in der „Kontraktions-Hälfte des Torus"; in der Skizze unterhalb der Symmetrie-Ebene.
Dort herrschen gleiche Zustände, aber entgegengesetz laufende Prozesse! „Torus-Koordinaten (Zitat) :
„Man kann in der Torus- Oberfläche, die topologisch eine Fläche von **Geschlecht** 1 ist (d.h. sie besitzt ein Loch), eine toroidale Koordinate t und eine dazu senkrechte poloidale Koordinate p einführen. Die Oberfläche kann man sich vorstellen als durch eine Kreis entstanden, der um eine Achse rotiert wird, die in der Kreisebene liegt. Den Radius des ursprünglichen Kreises nennen wir r, dieser Kreis bildet auch gleichzeitig eine Koordinatenlinie von p.

Der Abstand des Kreismittelpunkts von der Achse wird hier R genannt, die Koordinatenlinien von t sind Kreise um die Drehachse. Beide Koordinaten sind Winkel und laufen bis 2 pi."

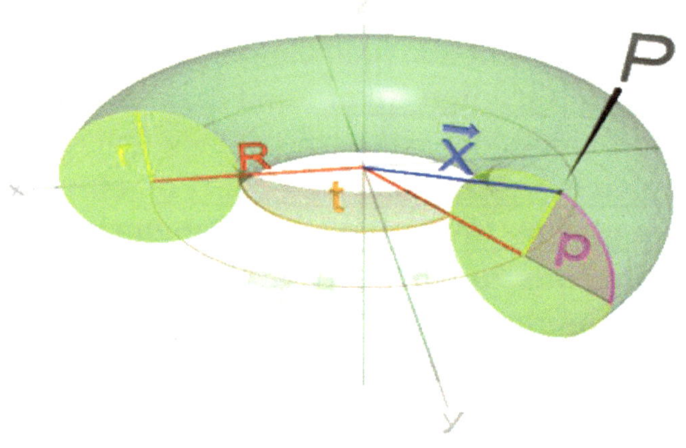

Ein eingebetteter Torus kann als Menge der Punkte beschrieben werden, die von einer Kreislinie mit Radius R den festen Abstand r haben, wobei R größer r ist." (Ende des Zitats aus Wikipedia).
Achse und Symmetrie-Ebene des Torus- Universums .
Die Achse zeigt die Richtung der Gravitationsbahnen im Kern an. **Die Hälfte oberhalb der SE entspricht der Expansionsphase des Standardmodells, die unterhalb der SE der Kontraktionsphase.**
Die Gravitations- bzw. Umlaufbahnen sind hier als die Kreise im Ring zu erkennen.

Die Objekte laufen darauf von ganz innen nach oben /
außen, aus dem MatPol , weiter nach oben/außen, nach
unten/außen zur und durch die SE, weiter zunächst nach
unten/innen und letztlich weiter nach oben/innen bis in den
DesPol, womit der Kreislauf vollendet ist.
Es gibt k e i n e n Kreislauf im oder entgegen dem
Uhrzeigersinn, weil sich auf den „Breitenkreisen" alle
Vektoren der Gravitation gegenseitig aufheben.
Das Loch in der Mitte existiert in der Realität des
Universums nicht, **weil die Innenseiten der Bahnen
sich dort (unter Abplattung) berühren,** was die Achse
des Kerns ergibt.
**Diese <u>Achse</u> ist auch nur als relativ „winzige" Gerade
ober- und unterhalb der SE existent.**
Wir hatten ja den Kern auf Null gesetzt, weil er nur etwa
ein Promille des Torus- Durchmessers ausmacht.

Daten zum Torus und Folgerungen daraus.

In den Angaben und Skizzen zu den 2-D- Querschnitten
des GDU haben wir den Radius der äußersten Umlaufbahnen mit 20 Mrd. LJ und den Durchmesser mit 40
Mrd. LJ festgestellt. Damit ist der Torus beschrieben:

Durchmesser 80 Mrd. LJ,
Umfang 250 Mrd. LJ

Das weicht von den Skizzen Seite 51 ab, weil unser
GDU - Torus kein großes Loch in der Mitte hat, sondern
stattdessen <u>den Kern mit relativ sehr kleinem</u>

<u>Durchmesser</u> und wir den Durchmesser R des Torus **nicht** von der **Mitte** der einen Wurstscheibe bis zur Mitte der gegenüberliegenden messen, was 2xR ergeben würde, sondern vom **Außenrand einer Scheibe zum Außenrand der gegenüber liegenden Scheibe,** was 2 x (R + r) ergibt.

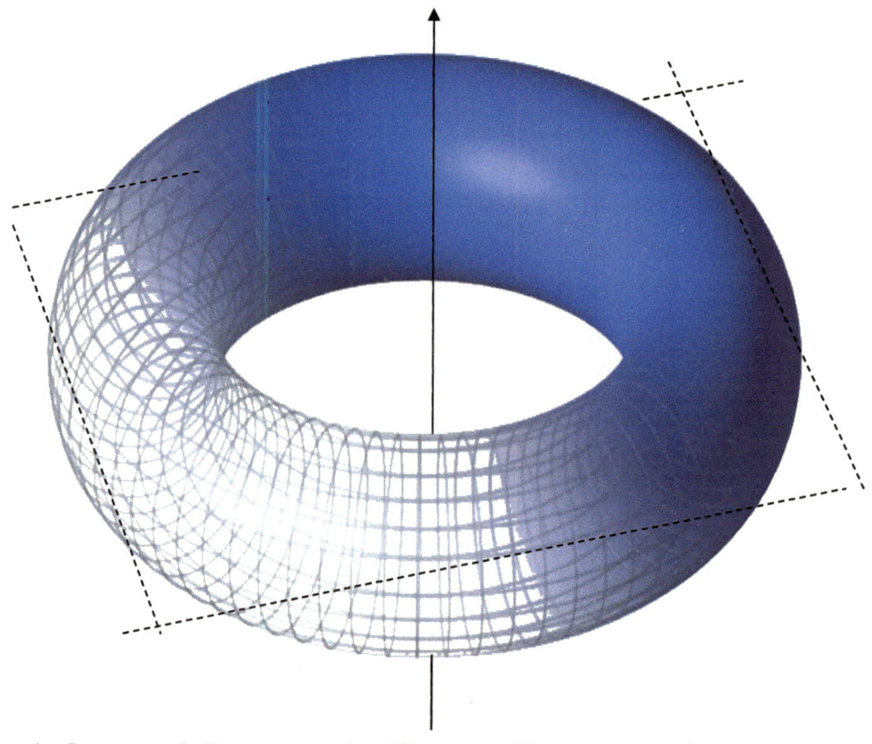

Achse und Symmetrie-Ebene (SE) des Torus - Universums, Die Achse zeigt die Richtung der Gravitationsbahnen <u>im Kern</u> an.

Die Hälfte oberhalb der SE entspricht der Expansionsphase des Standardmodells, die unterhalb der SE der Kontraktionsphase.
Die Gravitations- bzw. Umlaufbahnen sind hier als die Kreise im Ring zu erkennen. Die Objekte laufen darauf von ganz innen nach oben /außen, aus dem MatPol , weiter nach oben/außen, nach unten/außen zur und durch die SE, weiter zunächst nach unten/innen und letztlich weiter nach oben/innen bis in den DesPol, womit der Kreislauf vollendet ist.
Es gibt k e i n e n Kreislauf im oder entgegen dem Uhrzeigersinn, weil sich auf den „Breitenkreisen", alle Vektoren der Gravitation gegenseitig aufheben.
<u>Das Loch in der Mitte existiert in der Realität des Universums nicht</u>, **weil die Innenseiten der Bahnen sich dort (unter Abplattung) berühren,** was die Achse des Kerns ergibt. **Diese Achse ist als relativ „winzige" Gerade ober- und unterhalb der SE existent.**
Wir hatten ja den Kern auf Null gesetzt, weil er nur etwa ein Promille des Torus - Durchmessers ausmacht.
Außenrand einer Scheibe zum Außenrand der gegenüber liegenden Scheibe, was 2 x (R + r) ergibt.
Wobei wir nun „R" vernachlässigen dürfen, weil ja kein großes Loch existiert.
Der Durchmesser wird zu 1 x r − 80 Mrd. LJ.
Wir haben schon mehrfach die Symmetrie-Ebene **SE** erwähnt. Auch hier spielt sie eine Rolle:

Die „Ausdehnung des Universums" dauert vom „Urknall"
bis zum Umkehr-Moment, zur Kontraktions-Phase.
(So das Standard-Modell)
Das entspricht im GDU der „**oberen Hälfte des Torus**",
in der diejenigen **<u>Hälften</u>** der **Kreisbahnen** liegen, <u>auf</u>
<u>denen die Objekte sich vom MatPol bis zur SE bewegen.</u>
<u>Auf der Symmetrie-Ebene</u> messen wir den <u>Durchmesser</u>
einer Kreisbahn vom Mittelpunkt dieser Ebene (im Kern)
bis zum Durchgangspunkt der Bahn durch die **SE** draußen
im Feld.
„Unsere Bahn" wäre nach dem Standardmodell etwa 13,8
plus 50 Mrd. LJ lang - bis zum Umkehrpunkt - wenn wir
uns auf diesem **Radius R** (in der SE) des Standard-
Universums **bewegen würden**!!   Tun wir aber nicht!
Noch einmal: Wir fliegen auf einer **<u>halben Kreisbahn</u>**
(mit Radius R/2) und diese ist - wie bei jedem Kreis –
<u>0,5 x Pi = 1,57 mal länger</u> als der Radius R
(hier: des Standard-Universums).Wenn wir annehmen,
dass Objekte auf einem
<u>„Standardmodell" - Radius von 13,8 plus 50 = 63,8</u>
<u>Mrd. LJ</u> bei <u>Lichtgeschwindigkeit</u> 63,8 Mrd. Jahre
benötigen, **muss die <u>Verzögerung der Expansion durch</u>**
<u>die Gravitation schon berücksichtigt sein,</u> denn sonst
ginge die Expansion ja bis zum „Umkehrpunkt" mit
Lichtgeschwindigkeit weiter und käme schlagartig zum
Stillstand.

Objekte auf der **äußersten Halbkreisbahn des GDU**
benötigen <u>vom Pol bis zur SE</u> bei Lichtgeschwindigkeit
62,8 Mrd. Jahre.
Das kommt dem Wert des Standard-Modells von 63,8
Mrd. Jahren sehr nahe. Zufall ?
Wie kommt das zustande? Die **äußerste Halbkreisbahn
ist fast genau so lang wie der vermutete maximale
Radius des Standardmodells !?**
<u>Im Standardmodell gibt es zu</u> **e i n e m Zeitpunkt** <u>nur</u>
<u>diesen</u> **e i n e n** <u>Radius</u>, weil die Expansion in alle
Richtungen in gleicher Weise erfolgt.
Genauer: abhängig von der „Dauer des Urknalles" einen
inneren und einen äußeren Radius. Deren Differenz ist die
Dicke des Ballonhäutchens
Im **GDU** gibt es aber

**<u>Umlaufbahnen</u> mit sehr verschiedenen Radien,
die <u>keiner zeitlichen oder örtlichen Veränderung</u>
unterliegen.**
(Wohl aber die auf ihnen umlaufenden Objekte!)
Jeder O r t auf diesen Bahnen des GDU entspricht
hinsichtlich Temperatur, Bahn-Umfang, Zuständen und
Prozessen dem Zustand des
Standardmodells zu einem bestimmten Z e i t p u n k t:
Die <u>Symmetrie-Ebene (SE)</u> - im Kern- entspricht (etwa)
der Singularität. Der MatPol entspricht dem Übergang
von Strahlung zu Materie.
Der vom Kern am weitesten entfernte Punkt der äußersten
Umlaufbahn entspricht dem Umkehrpunkt von der

Expansion zur Kontraktion. (Durchgang durch die SE).
Der DesPol entspricht im Standardmodell der Phase
während der Kontraktion, in welcher die Materie in
Strahlung übergeht.
Der Raum ist gekrümmt. Die Umlaufbahnen des GDU
ebenso. Damit stellen die auf diesen Bahnen gemessenen
Abstände die tatsächlichen Werte dar und es verwundert
nicht, dass diese den im Standardmodell geltenden Radien
entsprechen.

**Die im Standardmodell zu berücksichtigende
Verzögerung der Expansion durch die Gravitation ist
im GDU bereits dadurch einbezogen, dass es ja die
Gravitation ist, die den Raum und die Bahnen
krümmt!**
**Die Expansion der Radien im Standardmodell wird
so stark gebremst, dass der *äußerste* exakt dort seinen
Umkehrpunkt erreicht, wo auch die *äußerste* Bahn des
GDU durch die SE geht und in die
„Kontraktions-Hälfte" übergeht.**

Daher ist es ganz klar, dass beide Modelle gleiche Werte
der maximalen Ausdehnung des Radius (Standardmodell)
bzw. der Halbkreisbahn (GDU) aufweisen.
Der Vollständigkeit halber sei hinzugefügt, dass selbst für
sehr unterschiedliche (innere, mittlere, äußere) Bahnen
beider Hälften des Torus Gemeinsamkeiten bestehen.
Zum Beispiel treten Abschnitte mit gleichen Temperatur-
Verläufen auf, wenn auch auf einer Bahn nahe am MatPol,
auf der anderen Bahn viel weiter draußen, nahe der SE.

Wo sind wir??

Man kann die Übergangszonen an den Polen vernachlässigen und annehmen,
- die im Feld **äußeren Bahnen** seien ausschließlich mit
  Masse besetzt,
- die **inneren** mit Strahlung.
  Tatsächlich verändert sich das Gemisch aus Strahlung
  und Materie vom Austritt aus dem MatPol sowohl von
  einer Bahn zur anderen wie auch im Verlaufe einer Bahn
  von Pol zu Pol.
Gravitation wie auch die Temperatur üben Einfluss auf
den Zustand der Objekte aus. Beide in Abhängigkeit vom
Radius der Bahn, der Entfernung von den Polen und der
relativen Lage zur Symmetrie-Ebene. Also davon, ob sie
sich in unserer Hälfte oder der zweiten, gespiegelten des
Universums befinden.
Natürlich sind diese Bahnen keine „Linien" im geometrischen Sinne, sondern ein kohärenter Strom von Milliarden
Lichtjahren Durchmesser, mit Quasaren, Galaxien, intergalaktischer Materie, sich zusammen ballenden Wolken,
mit Schwarzen Löchern und Zerfallsprodukten unterschiedlichster Art und Größe. Gekennzeichnet ist dieser
**Strom kreisförmiger bis schwach abgeplatteter
Gravitationsbahnen** dadurch,
- dass von seinem „ dem <u>Kern näheren, inneren Bereich</u>"
  nach außen hin die Temperatur stark abnimmt,

- diese im „äußersten Bereich der Symmetrie-Ebene" bei 0 Grad Kelvin angetroffen wird und
- in den Bereichen nahe am MatPol und dann wieder kurz vor dem DesPol sehr hohe Temperaturen herrschen.

Wir mit unserer Umgebung zählen zum **mittleren** Bereich der Umlaufbahnen.

Wir haben von den Gravitationslinien gesprochen und davon, dass diese im 2-D-Querschnitt von den inneren bis zur äußersten flächenhaft zusammenhängen.

Da aber aus dem MatPol die Bahnen nicht nur in der Ebene dieses Querschnittes, sondern in alle Querschnitte des 360 Grad-Kreises austreten, bilden sie nicht nur eine Fläche, sondern einen 3-D Rotationskörper, der sich **ringartig** um den Kern erstreckt **(„Torus")**

Die Aussage, „eine bestimmte Menge Materie ginge durch einen Querschnitt" des Feldes, muss auf eine **Ring-Fläche** erweitert werden, die außen von einem Kreis/Ellipse (der Grenze zum Nichts) und innen durch die dem Kern nächste Ellipse/Kreis begrenzt wird.

Aus der Literatur wissen wir, dass wir mit dem uns bekannten Teil des Standard-Universums vor etwa 13,8 Mrd. Jahren durch den „Urknall" in Form von Strahlung aus der Singularität hervorgegangen sind, im GDU **aber alles permanent** aus dem „Materialisations-Pol" des Kerns **hervor geht**.

Unser Sonnensystem war vor etwa fünf Milliarden Jahren entwickelt und unsere Erde zwar noch ein glutheißer

Brocken, wurde aber einige hundert Millionen Jahre später
zum „Blauen Planeten“.
Leider bleibt das nicht immer so! In weiteren etwa fünf
Milliarden Jahren wird die Sonne den größten Teil ihres
Brennstoffes (Wasserstoff, Helium) verzehrt haben und
entweder einfach erkalten oder in sich zusammenstürzen,
dann explodieren und den längst vorher total vereisten
Planeten den Rest geben.
Wir leben also in einer Zone, welche die „mittleren
Gravitationsbahnen“ umfasst.
Und wir sind seit etwa 13,8 Mrd. Jahren unterwegs auf
dem Wege vom MatPol zur Symmetrie-Ebene.
Zum Standard-Universum wird gesagt, wir hätten noch
etwa 50 Mrd. Jahre bis zum Stillstand und zum Beginn
der Kontraktion. Glauben wir das mal!
Wir übernehmen diese Zahlen und stellen fest, die
Ausdehnung dauert etwa 63,8 Milliarden Jahre.
Aufgrund der Symmetrie muss es dann (jenseits der SE)
ebenso lange dauern, bis „unsere Umgebung“ erst in
ein Schwarzes Loch und dann in den DesPol stürzt.
Eine zugegeben etwas kühne Rechnung ergibt :
Der Umlauf vom MatPol bis Despol dauert (für Objekte
auf mittlerer Bahn!) 127,6 Mrd. Jahre, wobei die Pole des
Kerns die Rolle des„Urknalls“ übernehmen.
Wir setzen den Umlauf an mit 360 Grad (korrekt: minus
den Anteil im Kerns, den wir vergessen können, weil wir
die Länge des Kerns auf   Nullgesetzt hatten)

Also 360 Grad von Pol zu Pol für jede diese Bahnen mit
annähernd der Form eines Kreises oder einer sehr
kreisähnlichen Ellipse.
Den Umlauf im <u>Feld,</u> 360 Grad, schaffen die Objekte in
127,6 Mrd.Jahren.
Mit entsprechender Unsicherheit kommen wir auf 2,82
Grad /Mrd. Jahre.
**Somit hat sich „unsere Flugrichtung" um 38,9 Grad
von der Achse des Kerns / Universums weg gekrümmt.**
Wo sind wir also?
Auf einer mittleren Bahn im Gravitationsfeld -Dipol-
Universum, an einer Stelle, wo diese Bahn etwa 38,9
Grad von der Achse abweicht, in einer recht netten
Umgebung.
Wir können nur von diesen weitgehend geschätzten
Werten ausgehen, weil bessere Daten nicht verfügbar sind.
<u>Wir folgern aus dem oben Gesagten:</u>
Durch **jeden Querschnitt** des als Doppelkegel angenom-
menen **Kerns** strömt die **gleiche Masse**
(in äquivalente Energie zerstrahlt)
in einer bestimmten Zeit hindurch.
Die Querschnitte des Doppelkegels verändern sich sehr
stark. Reziprok zur Querschnittsfläche ändert sich die
Dichte des Flusses der Strahlung.
<u>Die **gleiche Masse** muss demnach **außerhalb des Kerns**
in der gleichen Zeit</u> durch jeden beliebigen Querschnitt
des Feldes strömen, um das Gleichgewicht zu erhalten.

Wir wählen diese beiden Querschnitte in der Symmetrie-
Ebene,
- einmal durch den Kern (an dessen engster Stelle)
- und einmal durch das Feld (an seiner weitesten Stelle)
Im Kern, sehr nahe der SE müssen folgende
Bedingungen erfüllt sein:
- alle Materie ist zerstrahlt bis auf die Photonen und
  Neutrinos - jene, die *laut Weinberg* geringe
  Gravitation haben oder, im GDU:

**Manche haben n o c h   je ein Gravitations-Quant
an sich gebunden, bei den anderen ist das aber
schon kurz vor dem Erreichen der Schwellentempera-
tur „abgesprengt" worden.**
**Es ergibt sich eine „durchschnittliche, sehr geringe
Gravitation" pro Neutrino, die auf beiden Seiten der
SE in deren unmittelbarer Nähe herrscht.**
Vor dem Erreichen der SE streben die Teilchen immer
noch aufeinander zu, weil die Gravitation (noch!!) stärker
wirkt als der durch die Temperaturzunahme erzeugte
Druck im Kessel der „heißen Suppe".
**Im Moment des Durchquerens der SE ist die Wende
erreicht. Ganz kurz zuvor hatten die Neutrinos ihre
Gravitations-Quanten verloren,** der Kessel „explodiert"
- oder weniger dramatisch:
**Die Umlaufbahnen, welche bisher „aufeinander zu
liefen", werden nun nach „außen" gebogen.**
Kein momentaner Vorgang, sondern ein andauernder
Zustand!

Alles (Strahlung und Teilchen) muss den Umlauf-Bahnen (der Gravitation) bis zur Symmetrie-Ebene (im Kern- Zentrum) folgen und gelangt <u>danach</u> in Regionen, in denen die Bahnen wieder zunehmenden Abstand voneinander haben.

<u>Die Bahnen sind örtlich und zeitlich stabil.</u>
Nur die <u>Objekte entfernen sich von einander</u> !
<u>Das</u> ist <u>einer der Gründe</u> für die Rotverschiebung und schon auf der 2D-Fläche des Querschnittes durch die Achse des GDU-Torus zu erkennen!
Diese **<u>zunehmende Entfernung</u>** <u>von Bahn zu Bahn</u> ist es, was Hubble beobachtet hat, was er als Beweis der kugelförmigen Expansion ansah! **Mit dieser Zunahme dehnen sich auch die Wellenlängen aus und nimmt die Temperatur ab, zunächst unter die Schwellen-Temperatur der Neutrino- Gravitonen -Bindung und <u>es entsteht - noch sehr nahe der SE- wieder erste Materie mit Gravitation.</u>**
Dieser Prozess schreitet schnell voran, lässt aber genügend Zeit, dass die abgetrennten Gravitonen, welche bisher noch an keinen „Wirt" angedockt haben, in den Raum hinaus entweichen und das Feld bilden können.
Auf das „ Raum- Gravitationspaar" habe ich schon hingewiesen.
<u>R a u m ist nicht leer.</u> Er muss wenigstens die Gravitationsbahnen, das -feld aufweisen, sonst ist er das Nichts.

Mit den bisher erwähnten Entfernungen, Volumina,
Temperaturen, von denen manche recht genau errechnet
sind (siehe mal wieder Weinberg, Hubble und Co!),
andere von Astrophysikern geschätzt und für den
vorliegenden Zweck durchaus genau genug,
versuche ich nun, zur <u>Beschreibung der</u>

Symmetrie-Ebene

zu kommen und diese nicht nur als eine die Zustände
spiegelnde Fläche oder Grenze zwischen Halb- Universen
darzustellen, sondern mit dem Ziel, die Daten:
Struktur, Form, Größen, Radien, Verhältnisse von Kern
zu Feld und Temperaturen als Kronzeugen für den
Zustand der Materie <u>zu einigen typischen Zeitpunkten</u>
<u>und damit</u> **Orten** <u>- zu beschreiben.</u>

Einige „Festpunkte" aus der Literatur (Wikipedia u. a.) :
 - Als Minimal-Temperatur gilt <u>heute</u> 2,73 Kelvin.
 - Maximal- T. = Planck-Maximum = $1,417 \times 10^{32}$ K.
Es gibt keine Theorie, die das Verhalten von Materie
oberhalb 10^{32} K beschreibt. 10^{-42} Sekunden nach dem
Urknall soll die Obergrenze bei 10^{32} K gelegen haben.
Der damalige Zustand der Materie wird als
          Quark- Gluonen - Plasma bezeichnet.
Ich bediene mich hemmungslos bei Steven Weinberg und
bitte um Verzeihung, weil ich aus seinem Standardmodell
Zahlenwerte übernehme, ohne zu wissen, ob das zulässig
ist. „Zulässig" im wissenschaftlichen Sinne, meine ich!

Zum Beispiel gibt Weinberg **Radien** an, welche durch die von der Singularität ausgehende radiale Expansion des kugelförmigen **Standard-Universums** nach bestimmten <u>Zeit</u>abständen seit dem Urknall gegeben sind.

<u>In meinem Ansatz gibt es aber keine Kugel und keinen Urknall</u>.

Das Gravitationsfeld- Dipol- Modell GDM, hat etwa die Form eines Stabmagneten mit seinem Kern und dem Feld. Entlang der **kreisförmig bis elliptischen Gravitationsbahnen** von Pol zu Pol bewegen sich die Objekte.
<u>Damit muss ich den Abstand, der bei Weinberg der Radius war / ist, nun auf den Umlaufbahnen messen.</u>

<u>Das entspricht Einsteins Aussage zum „gekrümmten Raum"!</u>

Die Annahme, dass das <u>Universum „innen" hohl sei (Ballonhäutchen!?)</u>, trifft im GDU sicher nicht zu:
Die Summe aller <u>innersten Gravitationsbahnen des Feldes</u> ist die„Außenwand" des Kerns.
Der nach außen anschließende Bereich enthält <u>keine Linien, keine Flächen, sondern er ist ein kohärenter „Körper", der mit abnehmender Temperatur und Dichte von Masse und Strahlung bis an die Grenze der Universums reicht</u>.

Dieser Körper ist ein „Torus". Für ein leeres Inneres eines Ballons ist bei dieser Form kein Platz. Es gibt auch kein Loch in der Mitte!

Hätte der Urknall tatsächlich nur „kurz" gedauert, etwa von Sekunden bis weniger als ca.13 Mrd. Jahre, dann könnte das „Häutchen" auch nicht dicker als diese Zeitspanne in Lichtjahren. Ist es aber ziemlich sicher! Sonst hätte man das „Ende des Urknalles" irgendwie erkennen müssen. (Es sei denn, es gab keinen Urknall!) <u>Damit ist die **Bedingung erfüllt**, die an alle Teile des Universums gestellt werden muss:</u>
<u>Raum und Gravitation müssen vorhanden sein</u>.
Unter dieser Voraussetzung kann ich auch den Radius von der Achse (im Kern) bis zum seitlichen Rand des Kerns und weiter entlang der SE bis zu deren Außenrand als sinnvoll und zulässig messen. Aber wie ??
Man muss zwei Dinge sauber trennen:

a) den **zurückgelegten Weg des Objekts auf seiner Gravitationsbahn** (in Lichtjahren oder in Relation zur Gesamtlänge des Umlaufs bzw. in Winkel-Grad des Kreises / der Ellipse) und

b) den **Durchmesser der jeweils betrachteten Gravitationsbahn** von der Achse aus, **gemessen als Projektion (Cosinus) auf die SE**.

Der **zurückgelegte Weg** auf der **Kreisbahn** ist abhängig von der Zeit seit dem **Austritt aus dem Kern** (der im GDU an die Stelle der Urknall Singularität tritt).
Er gibt **Hinweise auf die Temperatur** - die ja in der **SE vom Kern nach außen abnimmt** - und damit auf den Zustand der Materie.

Das ist der Zusammenhang zwischen Standard-Universum und GDU!

Ein Objekt befindet sich auf „unserer" Kreisbahn in der „oberen" Hälfte. Projiziert man dies Objekt auf den Durchmesser dieser Kreisbahn (in der SE!), ergibt sich der Ort, an dem das Objekt w ä r e, wenn es sich radial - gemäß Standardmodell - vom Zentrum (Urknall) entfernt hätte!

Das fiktive **Objekt auf dem Radius** der Kreisbahn ist seit seiner „Geburt" **zu jedem Zeitpunkt sehr viel näher am Kern gewesen** als das Objekt auf der Kreisbahn des GDU. Deshalb ist es auch **stets stärker durch die Gravitation abgebremst worden!**

Es kann sich nur bis zu (13,8+50) Mrd. LJ vom Zentrum entfernen, weil es dort (Standardmodell !!) den **Umkehrpunkt** zur Kontraktion erreicht hat, die **Geschwindigkeit Null** beträgt!

Die hat also in 63,8 Mrd. Jahren (linear, durchschnittlich!) um 300 000 km/sek abgenommen, pro Milliarde Jahre um 4702 km /sek.

Das **Objekt auf der Kreisbahn (GDU)** wird auch abgebremst, muss aber nicht den Stillstand erreichen, sondern nur den für seine Bahn typischen Minimal-Wert, von dem aus es wieder in Richtung auf den DesPol beschleunigt wird, den es aber nicht als kompaktes Objekt erreicht. (Zerstrahlung, Schwarze Löcher!).

Letztlich w ü r d e es mit seiner Anfangsgeschwindigkeit in diesen Pol stürzen, da die Beschleunigung nun die vorhergehende Abbremsung genau aufhebt.

Wie hoch die Minimal-Geschwindigkeit beim Durchgang durch die SE ist, lässt sich aus „Fliehkraft gleich Gravitation" ableiten, weil das Objekt in diesem Moment tangential - senkrecht zum Radius – fliegt und die **Bescheunigung zum DesPol der Abbremsung durch den MatPol entspricht, beide sich aufheben**.

Ebenso, wie alle Teile auf ihrer Bahn die Symmetrie-Ebene im Feld auf parallelen Bahnen durcheilen (genau genommen nur einen Moment lang, da sie kurz **vor** dieser Ebene noch ganz gering auseinander liefen, sofort **dahinter** aber wieder beginnen, sich einander zu nähern), geschieht das im Kern:

Wir reduzieren die Länge des Kerns auf Null und es bleibt die Symmetrie- Ebene selber, an der die Kontraktion endet und die Expansion beginnt.

Wir wissen aber nicht genau, wie weit wir gehen dürfen. Im Extremfalle haben wir nur die Ebene, also keinen Zylinder als Kern.

Was wird aus den elliptischen Bahnen des Feldes?

Es werden Kreisbahnen!

Die Symmetrie-Ebene wird auf ihrer einen Seite zum Desintegrations-Pol oder Zerstrahlungs- Pol, auf der anderen zum Materialisations-Pol.

Querschnitt durch den GDU-TORUS
bei auf Null gesetzter Längsachse des Kerns.

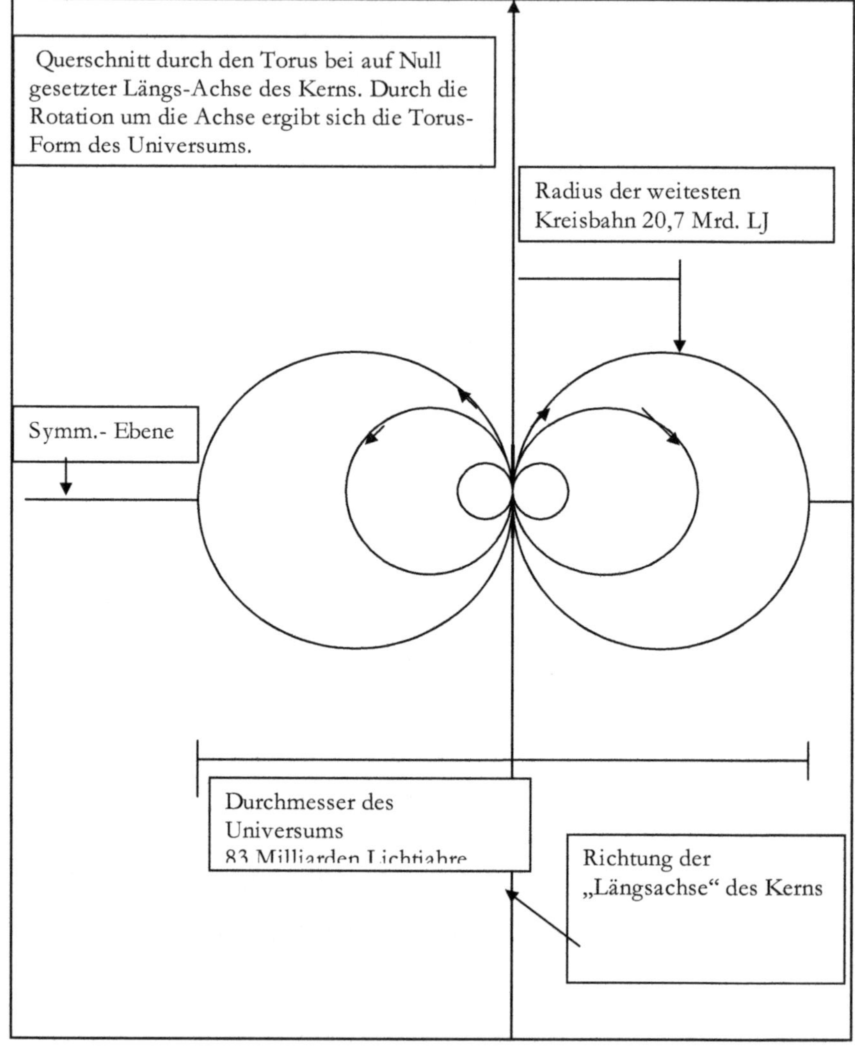

Nun wäre die Singularität des Standard-Modells f a s t
erhalten geblieben.
Die Bahnen laufen aber „nur" **bis ganz kurz vor der SE**
aufeinander zu!
Weinberg (Die ersten drei Minuten. Erstes Bild) gibt für
etwa eine Tausendstel Sekunde **nach** dem Ursprungs-
Moment eine Temperatur von **etwa 1,5 x 10^{12} Grad
Kelvin an, oberhalb derer keine Aussagen** zum
Verhalten der Materie möglich ist.
Eine Hundertstel Sekunde später herrschen „nur noch
10^{11} K - weit unter der Schwellentemperatur der Pi-
Mesonen, Myonen und aller schwereren Teilchen"…
**„Auch die Photonen und Neutrinos verhalten sich so,
 als wären sie unterschiedliche Arten von Strahlung."**
Ist Ihnen aufgefallen, dass alle Objekte in der vorigen
Figur wie in der nachfolgenden im gleichen Sinne
(aus dem MatPol, durch das Feld und in den Despol)
auf ihren Bahnen kreisen ??
Das bedeutet, dass sowohl die Bahnen selbst wie auch die
Objekte alle **gleichgerichtet sein** müssen. Wäre das
anders, würde sich die „Mehrheit durchsetzen", die
Minderheit würde zerstrahlt werden und der sich
ergebende „Rest" würde die Umlaufrichtung bestimmen -
ebenso wie in dem Chaos aus Materie und Antimaterie
kurz nach dem Urknall, als am Ende der gegenseitigen
Auslöschung ein wenig Materie übrig blieb, aus dem
unsere Welt entstand.   (frei nach Weinberg)

Das „Alter" bezeichnet hier den
Ort auf der Umlaufbahn, der vom MatPol aus nach
einer bestimmten Zeit (dem Alter) von fast lichtschnellen
Teilchen (Masse oder Strahlung) erreicht wird.
Der von der Achse am weitesten entfernte Punkt
***unserer* Bahn im GDU** - der Durchgangspunkt durch die
SE - markiert **für diesen Bahn-Radius den Übergang
von der** „Divergenz-Hälfte" zur „Hälfte der Konvergenz".
Dieser liegt (auf der SE gemessen!) ca. 40 Mrd. LJ von der
Achse des Kerns entfernt.
Andere Bahnen gehen an anderer Stelle durch die
Symmetrie-Ebene. Alle diese Punkte zusammen ergeben
auf der SE die Gerade, auf welcher die Durchmesser der
Bahnen dieses Schnittes liegen. Angenommen, Objekte
bewegen sich mit gleicher Geschwindigkeit auf ihren
Bahnen, dann macht das im Standard-U. angegebene Alter
von 13,8 Mrd. Jahren 39 Grad auf der mittleren Kreisbahn
des Gravitations- Dipol- Universums aus. (s. Skizze).
Beim Austritt aus dem MatPol hat ein Objekt auf der
Bahn (parallel zur Achse) die Flugrichtung Null Grad.
Nach 13,8 Mrd. Jahren hat sich die Bahn um
13,8 x 2,83 = 39 Grad von der Achse weg gebogen.
Der Winkel zwischen der Geraden vom Mittelpunkt der
Umlaufbahn zum „Aufenthaltsort" des Objektes und der
SE beträgt (90-39) = 51 Grad.
Dessen Cosinus = 0,63; mal unserem „Alter" von 13,8
Mrd. Jahren ergibt den Abstand von der Achse des
Standardmodells 8,68 Mrd. LJ. (Projektion des

zurückgelegten Teils /Bogens der Kreisbahn <u>auf die SE</u>) <u>Auf einer äußeren Bahn mit doppeltem Radius</u> bewegt sich ein Objekt aber in dieser Zeit nur um 19,5 Grad im Bogen. Hat das Objekt auf mittlerer Bahn den am weitesten entfernten Punkt (nach 180 Grad, in der SE) erreicht, ist das auf der äußeren Bahn erst bei 90 Grad angekommen. Zusätzlich zum „Auseinanderstreben der Bahnen" käme die **höhere Winkelgeschwindigkeit der Objekte auf weiter innen verlaufenden Bahnen als Faktor hinzu, welcher die Rotverschiebung (RV) bewirken bzw. verstärken würde.**

Da aber das GD-Universum kein Ballonhäutchen ist und auch nicht 13,8 Mrd. Jahre alt, sondern immer schon existierte („Steady State") und den dreidimensionalen Raum total erfüllt,sind <u>immer irgendwelche Objekte auf den „äußeren" Bahnen relativ nahe</u> unserer Umgebung, auch wenn ein gleichzeitig mit uns aus dem Pol ausgetretenes Objekt wegen geringerer Winkel-Geschwindigkeit weit „zurück geblieben" ist.

Es ist müßig, sich darüber Gedanken zu machen, ob ein Objekt sich auf einer äußeren Bahn und auf welcher bewegt, denn wir können ja nur die Momentaufnahme machen. **<u>In unserer Hälfte des Universums wird sich stets RV zeigen, aber welcher Anteil davon auf das Konto des „Zurückbleibens" wegen geringerer Winkelgeschwindigkeit geht und welcher auf Grund des „Alters" und des damit zusammen hängenden</u>**

„Auseinanderdriftens der Bahnen" zustande kommt, kann hier nicht untersucht werden.

Zweifellos gibt es aber den Zusammenhang zwischen beiden Anteilen, da sie über die Winkelgeschwindigkeit und „Alter" verbunden sind. Nach der Strecke MatPol bis SE, also 180 Grad Richtungsänderung, haben beide **Bahnen** (nicht die Objekte!) voneinander den Abstand:
 R (äußere Bahn) minus r (mittlere Bahn).
Wir sagten, die äußere habe den doppelten Radius.
Also ist der Abstand
$$\text{gleich } 2r - r = r.$$
 r hatten wir aus dem Standard-Universum (dem Alter) übernommen.
Wir haben eine Zunahme des Abstandes der Bahnen proportional zum Winkel.
Der Abstand der Bahnen ist also (vom MatPol bis zur SE, danach rückläufig)
$$\frac{(R-r) \ \ x \ \ \text{Winkel-Grade}}{180}$$
Nähern sich die Bahnen in der zweiten Hälfte des GDU wieder an, so bewirkt die höhere Winkelgeschwindigkeit, dass das Objekt auf mittlerer Bahn soeben in den DesPol stürzt, das auf der äußeren Bahn aber, welches in diesem Moment durch die SE flog, noch die Hälfte des Umlaufs vor sich hat. Damit wird der Effekt der Annäherung der Bahnen hinsichtlich der zu erwartenden
B l a u verschiebung aufgehoben - es bleibt bei Rot.

Ich weise noch einmal darauf hin, dass das
Sich-"Annähern der Bahnen" kein Prozess ist, sondern nur die

Beschreibung eines spezifisch-unveränderlichen Zustandes an verschiedenen Orten des Systems.

Abstände zwischen den Umlaufbahnen im GDU

(Schnitt durch den Torus , nur auf einer Seite der Achse)
Die Mittelpunkte der Kreisbahnen liegen auf einem Radius der Symmetrie-Ebene.

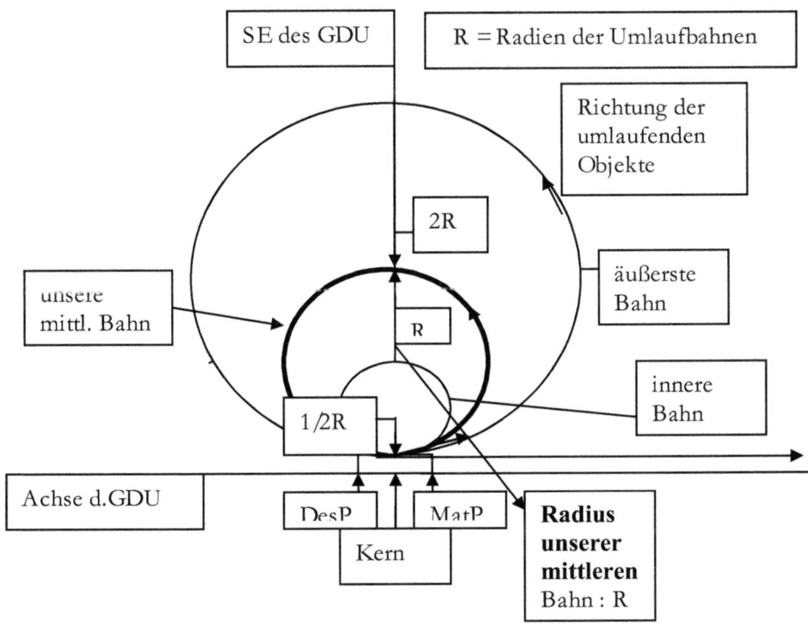

Wir haben angenommen, dass wir uns auf einer **mittleren Bahn vom MatPol zum DesPol** durch das Feld bewegen.

Die Form der Bahn sei ein Kreis, auch wenn das sicher
<u>nicht ganz genau zutrifft</u>, weil eine nicht genau bekannte
Abplattung anzunehmen ist und lokale Störungen
auftreten können..
Wir übernehmen das heutige „Alter des Universums" mit
13,8 Mrd. Jahren aus dem Standard-Modell, deuten aber
den Begriff „Alter" um, addieren die allgemein
angenommenen **50** Mrd. Jahre bis zur maximalen
Ausdehnung und Umkehr zur Kontraktion :
<u>**63,8** für die halbe Bahn.</u>

**Das Ergebnis ist für unsere ganze Umlaufbahn:
2 x 63,8 = 127 Mrd. Jahre bis zum Sturz in den
DesPol (bzw. in die Singularität)**

<u>Typischer Verlauf</u> in den Feldern :
Vom MatPol zur Symmetrie-Ebene bis zum DesPol.
Anzahl der <u>Quasare u. Schwarzen Löcher</u> (Schema)
<u>GDU</u> :   Unsere Hälfte / Gespiegelte Hälfte.
<u>Standardmodell</u> :
Expansionsphase / Kontraktionsphase

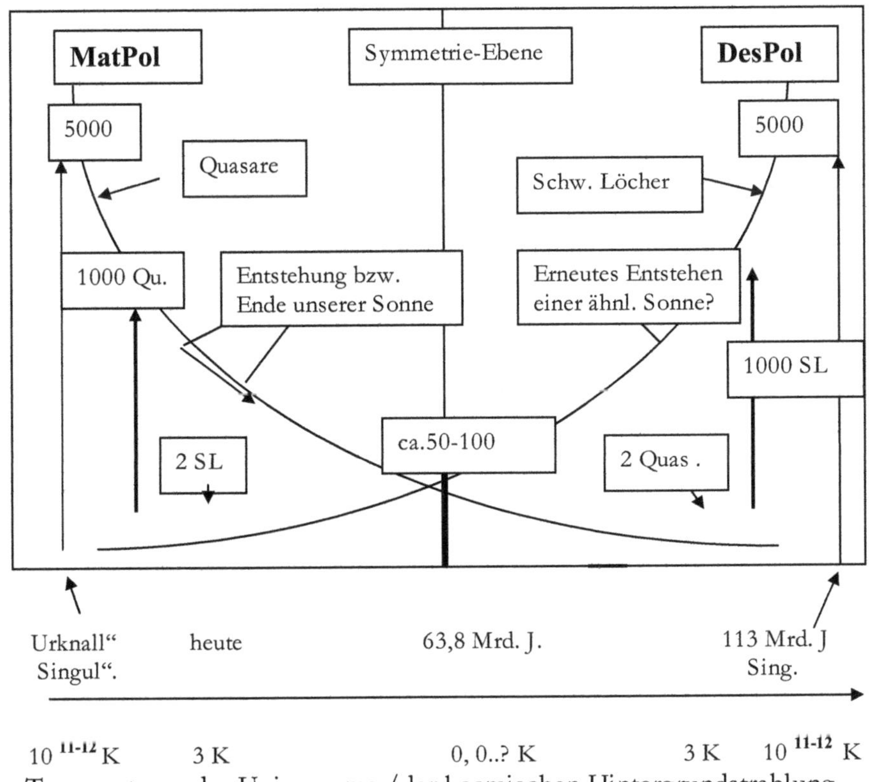

$10^{11\text{-}12}$ K   3 K   0, 0..? K   3 K $10^{11\text{-}12}$ K
Temperaturen des Universums / der kosmischen Hintergrundstrahlung

Bei 0,5 Mrd. LJ „erstes Auftreten eines Superquasars"

Bei 2,5 Mrd. LJ Beginn der Quasar-Epoche;

Bei 13,8 Mrd. LJ (heute) geschätzte 1000 Qu. , wenige
  Schwarze Löcher (**SL**)

Bei 63,8 Mrd. LJ Erreichen der Symmetrie-Ebene.

Im Standard-Modell: Umkehr von Exp. zu Kontr.):
Größenordnung 50 bis 100 Quasare und ebenso viele
Schwarze Löcher (Symmetrie !!)

Bei 113 (=127-13,8) Mrd. LJ „aus Symmetrie-Gründen"
2 Quasare und 1000 SL (Schwarz Löcher „fressen"
Zerfallsprodukte der Quasare (Galaxien) in zunehmendem
Tempo); Dann starker „Kannibalismus" der SL und
Eintritt in den DesPol bei circa **127** Mrd. LJ.

Bei Annäherung der Schwarzen Löcher an den DesPol
werden diese gleichgerichtet.

Das heißt, ihre Achse (der gleißend helle Lichtstrahl,
 den man bei einigen SL beobachtet hat) wird in d i e
 Richtung gedreht, welche im Zuge des
 „Kannibalismus" das nächst größere SL aufweist
 (wie Mini- Magneten bei erhitzter der Umgebung durch
 ein Magnetfeld), dann in die Richtung des „Super-
 Schwarzen Loches" (analog zum „Super-Quasar" sehr
 kurz nach Austritt aus dem MatPol) und letztlich in die
 Richtung der polarisierten Achse des GDU- Kerns, in
 den sie unter weiterer Auflösung integriert werden.

Der Kern
des
Gravitationsfeld-Dipol-Universums (GDU)

Wir hatten den Kern des **Stabmagneten** als Anschauungs-
modell zur Beschreibung des Kerns im GDU herangezogen.
Der „Stabmagnet" ist ein Artefakt. Er wird in der Natur
nicht vorkommen:
Sowohl die Gestalt als auch die Ausrichtung der Magnetisierung sind vom Menschen bestimmt, willkürlich.
In jedem Falle hat der **Stabmagnet einen exakt
definierten Kern, der ohne Übergangszone an das
äußere Feld grenzt .**
Wesentlich ist, dass die Kraftlinien aus dem Magnetfeld
alle parallel durch den Kern verlaufen, es sei denn, der
wurde nach der Magnetisierung verbogen.

Der **Kern des GDU**

- hat keine derart exakt bestimmbare Form, da seine
  Grenz-„Flächen" aus Zonen bestehen, in denen Materie
  je nach Schwellen-Temperatur ihrer Bestandteile
  zerstrahlt bzw. aus Strahlung erzeugt wird.
- hat eine bei Stabmagneten unübliche Form, nämlich
  **zwei Kegel, welche mit ihren Spitzen in der
  Symmetrie-Ebene (SE) gegeneinander stoßen** und
  deren Grundfläche (bzw. Außenbereich) –
    wie gesagt - nicht perfekt zu erfassen ist.

Während die Kraftlinien des zylindrischen Stabmagneten
von Pol zu Pol in gleichem Abstand den Kern durchlaufen
(gleich bleibende Dichte des Kraftflusses über die ganze
Länge), scheinen sich **die Gravitationslinien
des Kerns im GDU einander anzunähern.**
(„Scheinen", weil das ein Dauerzustand ist) – und zwar:
- vom Eintritt in die Grundfläche des Kegels bis ganz
  kurz vor der SE,
- wo durch das Überschreiten der Schwellentemperatur
  die **Bindung der Gravitonen an die Photonen und
  Neutrinos verloren geht** und durch die dabei **frei
  werdende zusätzliche Energie** sowie den Verlust der
  Gravitation
- die „explosionsartige" Ausdehnung des Raumes erfolgt,
  dadurch die
- Temperatur entsprechend abnimmt und der zweite
  Kegel „entsteht",
- an dessen Grundfläche (dem MatPol) der Übergang
  von Strahlung zu Materie weitgehend abgeschlossen ist,
- womit der nächste Umlauf im Feld beginnt.
Teile der „heißen Suppe", welche im Mittelpunkt der
Grundfläche des ersten Kegels in diesen eintreten und
der Achse folgen, werden im zweiten Kegel zunächst
die Achse bilden. Dieses Durcheilen des Kerns erfolgt mit
fast Lichtgeschwindigkeit.
Wenn das „Aufeinander- zu- Eilen" der Bahnen und
Objekte im ersten Kegel und das „Auseinander-Streben"
im zweiten Kegel nicht schneller geschehen kann als mit

Lichtgeschwindigkeit, kann der innere Winkel zwischen
einer Bahn und der Achse nicht mehr als 45 Grad betragen,
der „Öffnungswinkel" in der Kegelspitze ist < 90 Grad.
Da alle Strahlung sicherlich annähernd gleich lange
benötigt, um mit weiter abnehmender Temperatur zu
stabilen Atomkernen, größeren Atomen und zu Molekülen
zu werden, die Grundfläche des Kegels und damit den
Kern zu verlassen, gilt das sowohl für Strahlung, welche
in der Achse verläuft als auch jene, welche nahe der
Außenfläche des Kegels verläuft.
Daraus folgt, dass die Grundflächen beider Kegel
  (= Pol- Flächen von MatPol und DesPol) Ausschnitte
einer Kugeloberfläche sind.

Die Form des Kerns ist damit **erst mal** beschrieben als
ein Doppelkegel, der einer Kugel einbeschrieben ist.
Davon weichen wir wieder ab, weil die Höhe der
beiden Kegel (welche zusammen die Achse bilden),
auf Null reduziert wird. Damit werden die Ellipsen der
Umlaufbahnen zu Kreisen und die
    Symmetrie-Ebene „übernimmt" (fast) die Funktion
    von Singularität/Urknall

<u>Die Spitzen der Kegel liegen im Zentrum der Kugel
und damit sowohl im Zentrum der Symmetrie-Ebene als
auch</u> des Universums.

<u>Figur 6.1</u>

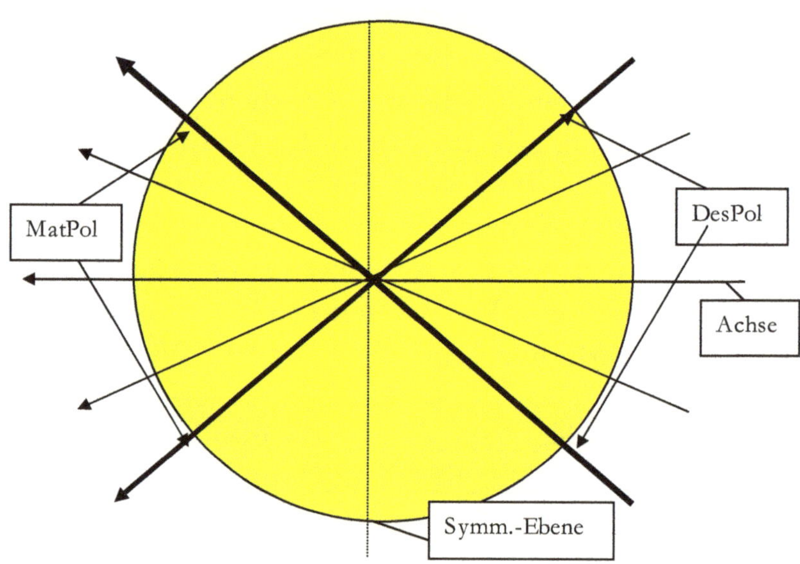

Figur 6.1. zeigt das Bild des Universums „**<u>fehlerhaft</u>**",
weil die Bahnen durch die „Singularität" hindurch
verlaufen, ohne ihre Richtung zu ändern.
Die beiden Kegel ersetzen die <u>Expansions</u>- bzw.
<u>Kontraktionsphase des</u> **<u>Standardmodells</u>.**
**Im Gegensatz zu dessen <u>zeitlich aufeinander</u> folgenden
Phasen und den variierenden Radien bestehen die
<u>Kegel und Bahnen im GDU unverändert, ständig <u>am
gleichen Or</u> - und es gibt keine Singularität</u>!!**

Vergrößern wir das Zentrum, so sehen wir, was für das GDU gilt: Die Bahnen werden nach außen umgelenkt, weil die fehlende Gravitation unmittelbar an der SE zur Ausdehnung des Raumes führt.

Figur 6. 2. Vergrößerung des Zentrums des Kerns aus Figur 6.1. **Jetzt <u>ohne</u> Singularität. In dieser Form gültig für das GDU.**

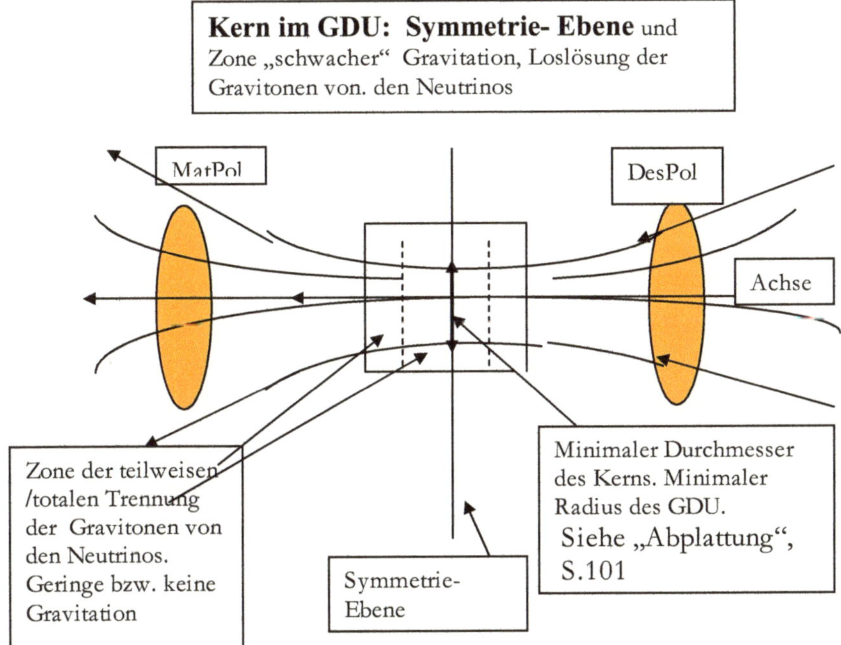

Unter„Graviton" verstehe ich das Quant der Anziehungskraft von Masse. Ob dies das ultimativ kleinste Teilchen ist oder da noch Gluonen und andere folgen, sei dahin gestellt. Es geht ja hier nur noch darum, wie hoch deren Schwellentemperatur ist, welchen Beitrag sie bei der Zerstrahlung zur Temperatur ihrer Umgebung leisten und weniger darum, wie die Dinger heißen. Unklar ist, bei welcher Temperatur die letzte Schwelle überschritten wird, ob das bei 10^{14} oder 10^{15} K der Fall ist.
Eine oder zwei Zehnerpotenzen tun im Prinzip nichts zur Sache. Am hier vorgestellten System würde das nichts ändern!

<u>Wir stellen fest, dass es laut Weinberg (a.a.O.) Neutrinos mit „normaler, mit „verschwindender" und solche „ohne" Gravitation gibt.</u>

Das wäre ein **Zustand,** der fast unlösbare Fragen aufwirft. Viel einfacher und von geradezu elementarer Bedeutung für das GDU ist die Erklärung, dass es sich um den in Figur 6.2. schematisch dargestellten **Prozess** handelt, dem die Neutrinos unterworfen sind:

Die drei „<u>Sorten</u>" Neutrinos sind <u>Gemische an</u>
- <u>verschiedenen Orten</u> - von solchen,
- welche <u>noch</u> ihr Graviton besitzen und solchen,
- die, noch <u>näher</u> an der Symmetrieebene (SE),
davor oder dahinter - je nach Nähe zu dieser -
zum Teil schon ihr Graviton verloren haben
- und solchen, die - **oberhalb der Schwellentemperatur** -
kein Graviton mehr an sich gebunden haben.

Je nach dem, an welchem Ort man <u>dieses Gemisch</u> untersucht, ergeben sich Werte, welche fälschlich als eigene „Sorten" von Neutrinos gedeutet wurden.

<u>Beobachtung korrekt, Deutung fehlerhaft.</u>
<u>Wie bei der Rotverschiebung!</u>

Teile der „heißen Suppe", welche nahe dem Mittelpunkt der Grundfläche des ersten Kegels in diesen eintreten und der Achse folgen, werden auch im zweiten Kegel nahe der Achse verlaufen. (Siehe Skizze 6.3).

Teilchen auf Bahnen, die weiter vom Mittelpunkt der Grundfläche entfernt in den ersten Kegel eintreten, werden mit Beginn der Loslösung der Gravitonen von den Materie-Teilchen (Neutrinos) von ihrer geraden Bahn nach „außen" gebeugt, erreichen ihr Temperatur-Maximum in der Symmetrie-Ebene unterhalb der Schwellentemperatur (der Gravitonen- Ablösung) und erfahren nicht dic totale Zerstrahlung.

Der Grad der Zerstrahlung richtet sich nach dem Abstand ihres Durchgangspunktes durch die Symmetrie-Ebene von deren Mittelpunkt (Fig. 8).

Daraus folgt, dass die Grundflächen beider Kegel (= Pol-Flächen von MatPol und DesPol) Ausschnitte einer Kugeloberfläche sind.

Figur 6. 3. Der Kern des GDU
(<u>Keine</u> Singularität; Zerstrahlung unterschiedlich)
Kurzer paralleler Verlauf der Bahnen , Abstoßung
durch das Bestreben, die <u>Abplattung</u> der beiderseits
der Achse diametral laufenden Bahnen aufzuheben.

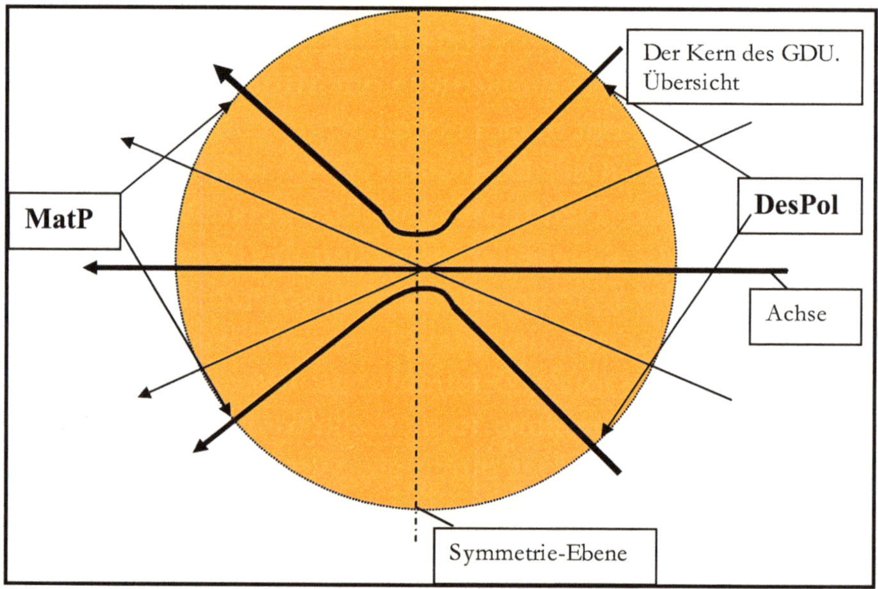

Alle Bahnen haben gleich lange Wege durch den Kern
(von Pol zu Pol), da die Krümmung vor und hinter der SE
so gut wie keinen Unterschied ausmacht.
Wie beschrieben , <u>zerstrahlen die Objekte kurz vor dem</u>

<u>Durchgang durch die SE.</u> Das gilt mit Sicherheit für d i e,
welche sich am nächsten zur Bahn bewegen. Warum das?
Weil sie **geradlinig parallel durch die Mitte der SE**
laufen, wo alle Schwellentemperaturen überschritten
und die Gravitonen kurzzeitig von den Neutrinos
abgetrennt werden, was nach **kurzem parallelem Verlauf**
als **<u>Achse</u> (!)** zur „**<u>explosionsartigen Erweiterung</u>**" des
Kegel- Querschnittes führt.
Diese Erweiterung stellt quasi den Big Bang dar.
Schematische Darstellung, kein Maßstab. (Nur linke Hälfte)
Figur 6.4. **<u>Zone der Abplattung im Kern des GDU</u>**.

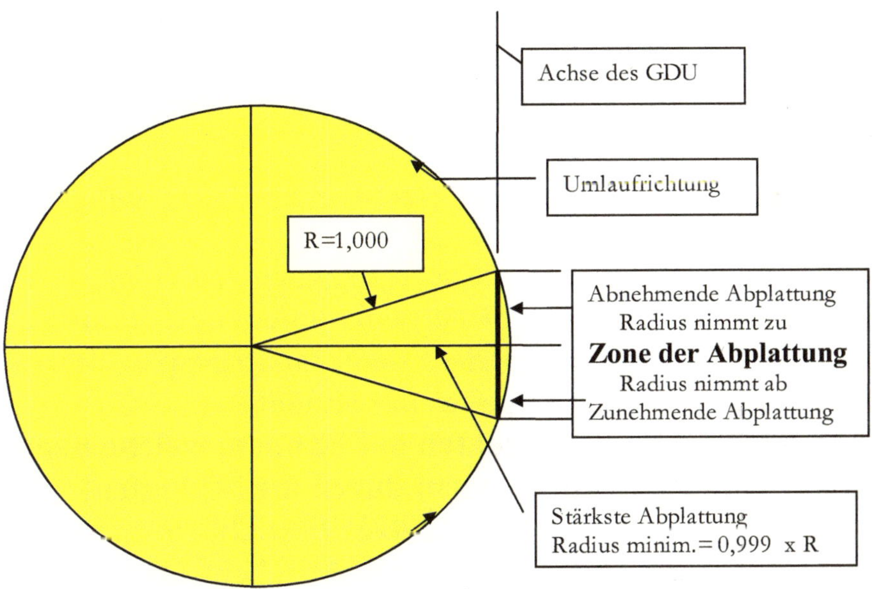

Alle Umlaufbahnen im GDU - vom <u>Elektron bis Torus des Universums</u> - laufen im Prinzip so, wie in Skizze 6.4 dargestellt:
Diametral angeordnete Kreisbahnen „stoßen im Zentrum unter <u>Abplattung</u> zusammen", wodurch die Achse entsteht. Der Radius der Kreisbahn wird dabei um etwa 0,1 Promille <u>verkürzt</u>, im Querschnitt des GDU- Torus- Ringes auf jeder Seite der Achse von 20.1×10^9 Lichtjahren um (nur Größenordnung) etwa 10 Millionen LJ. Von Ort zu Ort verschieden, zu- und wieder abnehmend. Aus dem parallelen Verlauf der Bahnen werden wieder Kreise.

Wie sieht das für Objekte auf den **Bahnen aus, welche nicht exakt durch den Mittelpunkt gehen,** sondern <u>aufgrund der einsetzenden Zerstrahlung</u> und der „explosions-ähnlichen" Ausdehnung des Raumes (<u>auf den inneren Bahnen</u>) schon **kurz vor** der Symmetrie-Ebene bei etwas niedrigerer Temperatur von ihrer geradlinigen Bahn in eine Kurve gezwungen werden, die mit Abstand a vom Mittelpunkt durch die SE läuft und soweit gebogen wird, dass sie genau in gespiegelter Richtung im zweiten Kegel weiter verläuft?
Und wie ist das mit Objekten auf Bahnen, welche noch weiter vom Zentrum entfernt durch die SE laufen, etwa so weit, dass sie gar nicht total zerstrahlen?
Wir haben nur wenige „belastbare" Angaben zum Zustand der Objekte auf den Bahnen beim Durchgang durch die SE in verschiedenem Abstand vom Mittelpunkt.

Blick auf die <u>Symmetrie-Ebene des GDU</u>,
von der Seite her

Temperaturgefälle entlang der Radien der Umlaufbahnen beim
Durchgang durch die SE (Schema, kein Maßstab)

Auf unserer Seite der Achse / **Diametral**
gegenüber liegende Bahnen

Figur 7.1.

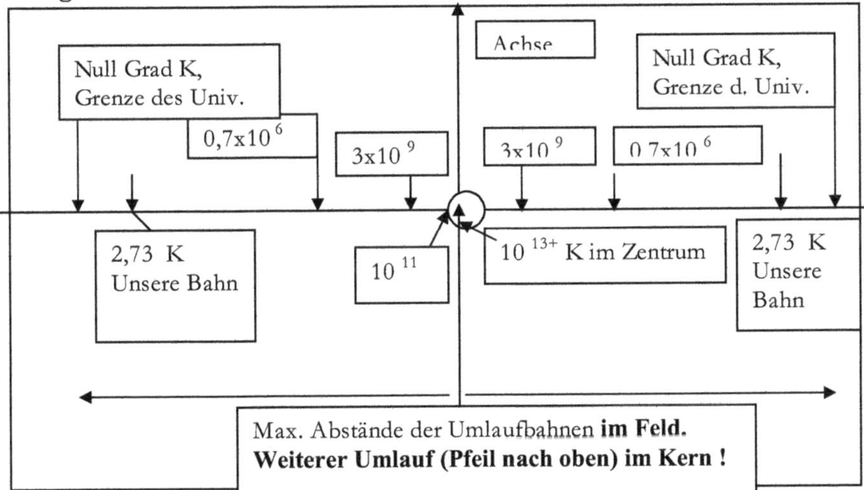

Die Masse (Mischung aus Materie und Strahlung), welche
in einer bestimmten Zeit durch die SE geht, bleibt ständig
gleich, abgesehen von „kleinen Schwankungen" aufgrund
des Durchgangs größerer Objekte.

<u>Die Frage bleibt, wie groß der</u> **Radius der** <u>zentralen
Kreisfläche sein muss,</u> durch welche **die sehr heiße
Strahlung (in der Figur von <u>unten nach oben</u>)** durch
die SE geht, **um der auf den äußeren Bahnen von <u>oben
nach unten</u> durch die SE gehenden Masse genau das**

Gleichgewicht nach $e = m \times c^2$ zu halten
und damit das System permanent zu stabilisieren.
Klar ist, dass jeweils eine Hälfte der gesamten Masse
auf den Bahnen im Feld, die andere Hälfte in Form von
Strahlung in einem bestimmten Zeitraum durch den
gesuchten Querschnitt geht. Während die Masse auf den
Bahnen des Feldes nur der Gravitation unterliegt, spielen
im Kern Vorgänge auf der Ebene der Nuklear-Bausteine
eine wichtige Rolle, weil die Stufen der Zerstrahlung von
Atomen, deren Bausteinen bis zu den Neutrinos letztlich
zu großen Mengen reiner Energie führen, damit
erheblichen Einfluss auf die Temperatur und auf die
„Expansion des Raumes" haben. So zumindest im
Standard-Universum:
Steven Weinberg beschreibt in seinen „Die ersten drei
Minuten" in sechs Bildern die wesentlichen
Zusammenhänge zwischen Temperatur, Raum und den
nuklearphysikalischen Vorgängen, welche die Ursache
für die Stufen der Entwicklung des Kosmos sind.
Im „Sechsten Bild" erwähnt er zum Beispiel:
„Das Universum dehnt sich jetzt weiter aus und kühlt ab,
doch in den folgenden 700 000 Jahren geschieht nichts
Bemerkenswertes.....
Da es nun keine freien Elektronen mehr gibt, wird das
Universum strahlungsdurchlässig und aufgrund der
Entkoppelung von Materie und Strahlung können sich
aus der Materie Galaxien und Sterne bilden"

Diese Feststellungen zeigen, dass ab 34 Minuten und 40 Sekunden (nach dem „Urknall") für lange Zeit der „normale Abkühlungs- und Ausdehnungs-Prozess" vonstatten geht, dann aber die Entkopplung von Materie und Strahlung geschieht.

Erst **700 000 Jahre** später tritt ein Zustand ein, den man mit „Strahlungs-dominierter Kern" und „Materie- dominiertes **Gravitations-** Feld" beschreibt.
Das sind übernommene Begriffe von Weinberg.
Die „**Gravitation**" habe ich ergänzt. Sie macht die Sache verständlicher und erklärt die Krümmung der Radien zu Kreisbahnen. Diese 700 000 LJ sind per Definition die Länge des Kerns im GDU. Einerseits kann dieser
    (von der Symmetrie-Ebene bis zum MatPol)
nicht länger sein, andererseits kommt in der Kontraktionsphase (vom DesPol bis zur SE) die gleiche Ausdehnung noch einmal dazu.

Der Kern des Gravitationsfeld- Dipol Universums kann also mit maximal $1,4 \times 10^{6}$ LJ angenommen werden.
An seinen Grenzen entstehen (GDU: und zerstrahlen) stabile Atome aus Kernen und Elektronen.

Ich habe den Kern in seiner Ausdehnung entlang der Achse auf Null gesetzt, um leichter mit den dann kreisförmigen Umlaufbahnen rechnen zu können.
Gegenüber einem gesamten Umfang des Torus von etwa 400×10^{9} LJ ist das nur ein Dreihunderttausendstel Fehler und es kommt hier sicher nicht auf diese Bruch-Teile von Promille an.

Allerdings geschehen wesentliche Prozesse sehr nahe an der SE, wie z.B. die Ablösungen der Gravitonen.
Der wesentliche
Unterschied zwischen GDU und Weinbergs Urknall-Modell liegt in der Aussage, <u>**das Universum habe sich ausgedehnt und dehne** sich unter Abkühlung weiter aus.</u> <u>Zu Stillstand und Kontraktion wird dort nichts gesagt.</u>

<u>**Wiederholt habe ich erwähnt, dass der Raum des GDU statisch ist.**</u>
<u>**Er dehnt sich nicht aus und kühlt nicht ab!**</u>

Die Form des Feldes....
Kern mit zwei Polen und Symmetrie-Ebene.
Ineinander geschachtelte Kreisbahnen von Pol zu Pol
(im 2-dimensionalen Schnitt).
Außenfläche des Kerns ist die Innenfläche des Feldes.
Kein leeres Ballonhäutchen.
Von Gravitation erfüllter 3-D-Raum!
Um die Achse rotiert, ergibt sich aus den 2-D-Schnitten ein 3-D-Torus (meist mit einem Loch in der Mitte des Ringes, hier aber mit dem Kern des Universums an Stelle des Loches)
....ändert sich nicht!

Aus diesen eng ineinander geschachtelten Umlaufbahnen ergibt sich der Eindruck, die Bahnen des Feldes würden „aktiv" divergieren.

Tun sie aber nicht!

Jede der kreisförmigen Bahnen liegt mit ihrer dem Kern nächsten Stelle an letzterem an.

Die Mittelpunkte aller Bahnen liegen im Abstand R der jeweiligen Bahn auf dem Radius der äußersten Bahn. In der Nähe des Kerns (in der SE) sind sich die Bahnen am nächsten. An ihren extrem vom Kern entfernten Stellen, den Kältepunkten, wieder in der Symmetrie-Ebene, haben sie den größten Abstand von einander.

In der ersten Hälfte des Universums „laufen die Bahnen **anscheinend** auseinander", in der zweiten wieder zusammen. Sie bleiben tatsächlich, wo sie immer waren und sein werden.

Nur die auf ihnen umlaufenden Objekte haben unterschiedliche Abstände, was einen **wichtigen Faktor für die Rotverschiebung darstellt**.

Wieso bleiben die Bahnen immer dort, wo sie sind?

Weil sich im „Urknall", dem Durchgang durch die SE, die von der Gravitation „befreiten" Neutrinos (oberhalb der ultimativen Schwellentemperatur) zunächst radial linear in den Raum ausbreiten, diesen erzeugen und besetzen, dann aber mit dessen „Expansion" abkühlen, andocken und:

Ein Gravitations- Quant -   "Graviton" -
pro Materie- Quant -   Neutrino !

also sich selbst, ihre einzige **Eigenschaft „Gravitation"
auf diese Neutrinos übertragen.**

Die so wieder gewonnene Gravitation der Materie sorgt
dafür, dass die Neutrinos nun in eine **Kreisbahn
gezwungen werden, der Raum sich krümmt.**

Dieser Vorgang geschah nur e i n m a l, (quasi ein
Schöpfungsakt) da die im weiteren Verlaufe folgenden
Neutrino-Generationen den nun vorhandenen Raum nur
noch stabil zu halten brauchen.

Das Gleichgewicht von Zentripetalkraft und Gravitation
bleibt erhalten und die

       Form des Raumes ebenso – steady !

Kann man davon ausgehen, dass die maximal mögliche
**Temperatur von 10^{13+x} K genau im
Durchgangspunkt der Achse durch die SE**
des Modells anliegt und bis zur gesuchten ringförmigen
Grenze der zentralen Kreisfläche,
(durch welche die „reine Strahlung" von „unten nach
oben" verläuft) im gleichen Maße abnimmt wie weiter
draußen, von eben dieser Grenze bis zur äußersten
Gravitationsbahn?

Ich glaube, man kann, denn die **innerste Bahn im Kern
wird ja zur äußersten im Feld und dort ist die
Temperatur die tiefstmögliche des Universums** .

„Kältepol": die am weitesten <u>vom Kern entfernte Bahn</u>
und zugleich <u>kältester Punkt dieser Bahn.</u>
Wir reden hier von e i n e m Querschnitt durch den Torus,
also von einer z w e i-dimensionalen Betrachtung.
Alle Querschnitte zusammen ergeben die dreidimensionale
Ansicht, den Torus und seinen äußersten **Kälte-Ring**.

Wie schon (Anzahl der Quasare und Schwarzen Löcher)
angedeutet, **ist** <u>die Temperatur des Universums an **Orten**
„hinter" der Symmetrie-Ebene - **noch im Kern**- indirekt
proportional zum Abstand von der SE geringer.</u>
Wir wissen, dass die Verdoppelung des Radius des
Universums dazu führt, dass die Temperatur nur noch ein
Sechzehntel beträgt.
Wird der Ausgangs-Radius verdoppelt, werden auch
Länge, Breite, Tiefe des Raums verdoppelt, also der
Raum von a^3 auf $(2a)^3 = 8a^3$ vergrößert.
Die anfangs im Raum a^3 gegebene **Energiedichte geht
auf ein Achtel zurück**. Hinzu kommt, dass auch die
Wellenlänge sich verdoppelt, also nicht mehr e i n e
Wellenlänge in den Raum a^3 passt, sondern nur noch eine
halbe. Also **eine weitere Halbierung** der Energie-Dichte,
die nach der Verdopplung aller Längen noch im
Ausgangsraum a^3 vorhanden ist.

Gehen wir von unserer Umgebung mit einer Temperatur der kosmischen Hintergrundstrahlung von 3 Kelvin aus und von $13,8 \times 10^9$ LJ Radius (des „heutigen" **Standard-Universums**) und verdoppeln den Radius bis zur maximalen Ausdehnung von (13,8 plus 50 weiteren vermuteten = 64 Mrd. LJ.) Das ist das 4,63-fache des Ausgangswertes 13,8.

Aus „unserer" Temperatur von 2,73 Kelvingrad werden unter diesen Annahmen $2,73 / 16^{2,35} = 0,004$ Grad, also sehr nahe am absoluten Nullpunkt bzw. ganz nahe an der äußersten Gravitationsbahn des GDU!

Wenn wir von unserem Standort (gemäß Standardmodell) Richtung Zentrum /Achse des Universums blicken, sehen wir die mehrfache <u>Halbierung des Radius und die damit verbundene 16-fach erhöhte Energie-Dichte wie folgt:</u>

<u>Radius, Alter und Temperatur im Standard-Modell und im GDU</u>

„Unser **Radius**" 13,8 Mrd. LJ		Temperatur	3 K
1. Halbierung	6,9, Mrd. LJ	führt zu	48 K
2. H.	3,45	führt zu	768 K
……..	……	……..	
10. H.	13×10^6	führt zu	330×10^{11} K
11. Halbierung	**$6,5 \times 10^6$**	**führt zu**	**$52,8 \times 10^{13}$ K**

Damit haben wir bereits bei einem Radius von immerhin noch 6,5 Millionen Lichtjahren die Temperatur erreicht, von der Weinberg sagt, jetzt gebe es nur noch Strahlung und weitere Aussagen wären spekulativ.

Wie kann es kommen, dass bei immer noch 6,5 Millionen Lichtjahren Radius des Universums bereits diese hohe Temperatur herrscht??
Man darf nicht die im Standardmodell zu Grunde gelegte radiale Ausdehnung bzw. Kontraktion berücksichtigen, denn: Vom **„Alter" des Universums zu sprechen, ist unzulässig,** weil die Angabe („13,8 Milliarden Jahre" mal Lichtgeschwindigkeit) **nicht den „derzeitigen Radius des Universums" ergibt,** sondern den **Ort** beschreibt, an dem wir uns befinden:

<u>Figur 7. 2.</u>   „Alter" u.„Radius" im <u>Standard- und Gravitationsfeld-Dipol-Universum</u>

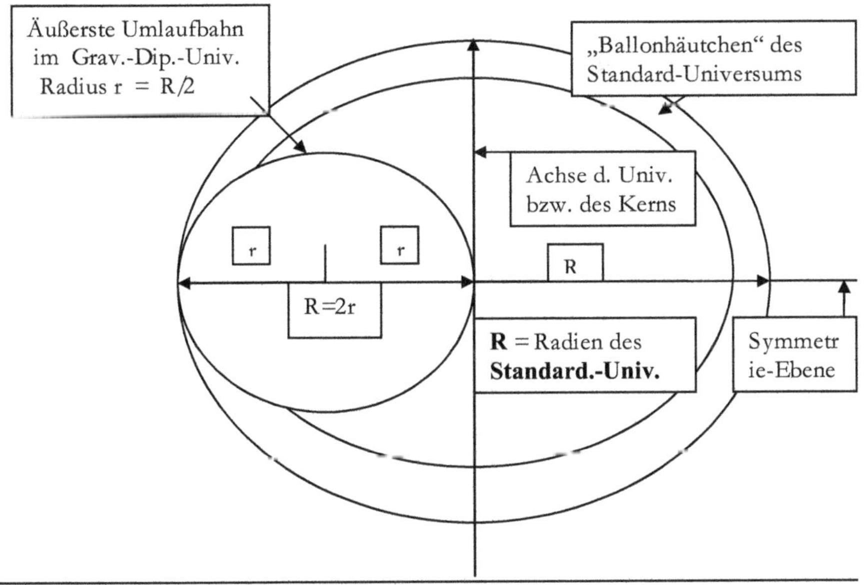

Stattdessen müssen wir die <u>halbe</u> kreisförmige Gravitationsbahn des GDU mit dem <u>halben Radius</u> R in die Rechnung einbeziehen.

Der Radius des Halbkreises entspricht <u>der Hälfte</u> der „geraden" Strecke (im Standard- Univ.) von der Achse zum äußersten Punkt des Radius´

Also: r = R /2.   Umfang der Kreisbahn: 2rpi = R x pi

Radius der ganzen Umlaufbahn 2 r x pi.

Bis zur SE also **r x pi** .

<u>Gegenüber der Ansicht, der Raum a^3 enthalte bei</u> **doppeltem Radius** (im Standardmodell fast mit dem „Alter" gleichzusetzen) **des sich radial- kugelförmig ausdehnenden Universums** nur noch ein Sechzehntel an Energie/Temperatur müssen wir feststellen, dass

   d i e s e Verdoppelung **n i c h t** in der Zeit („Radius geteilt durch Lichtgeschwindigkeit c") erfolgt, sondern in   **„r x pi geteilt durch c "**.

Die Dimensionen des Raumes und auch die Wellenlängen dehnen **sich   n i c h t   direkt proportional mit dem Radius R des Standard- Universums, sondern erst nach der Zeit (r x pi /2 geteilt durch c)   auf das Doppelte ihrer Ausgangslänge aus.**

In Skizze 7.2. (S.111) haben wir das Standarduniversum im **Moment der <u>größten Ausdehnung (Radius = R)</u>** <u>**abgebildet.**</u>

Diesem entspricht im **GDU die äußerste Kreisbahn**, allerdings nur „**im Moment**", da
> **diese** zwar den zeitlich unveränderlichen Radius hat, der des Standarduniversums aber bis Null (?) zurückgeht.

Im ganzen GDU haben wir (immer!) Bahnen mit sehr verschiedenen Radien. Jede einzelne <u>Bahn</u> aber mit <u>örtlicher</u> B e s t ä n d i g k e i t und unveränderlichem <u>Radius</u>.

Ein <u>Objekt</u> erreicht einen bestimmten <u>Ort dieser Bahn</u>, trifft auf <u>Zustände, die für diesen Ort typisch sind</u>. <u>Irgendwann</u> - u n a b h ä n g i g (!) v o n d e r Z e i t – erreicht ein zweites Objekt diesen Ort und trifft auf genau die gleichen Zustände. <u>Alle Objekte,</u> die j e m a l s <u>diesen Ort erreichen, unterliegen den gleichen Zuständen und damit den gleichen Prozessen!</u>

<u>Die Zeit spielt keine Rolle!</u>
<u>Sie würde nur „Verwirrung" stiften!</u>
Wichtig ist nur der **Ort**, also
> - der **Radius der Bahn** und
> - der **auf dieser Bahn zurückgelegte Abstand**

(Kreisbogen) vom Mat-Pol !

Im Standard-Modell <u>dagegen gibt es (??)</u>
<u>unendlich viele</u> z e i t a b h ä n g i g e <u>Kugel-Radien,</u>
<u>welche sich in *alle Richtungen gleichmäßig ausdehnen* sollen.</u>

Jedes Objekt, egal auf welchem der Radien es sich bewegt - also alle Objekte auf einem beliebigen Radius und in <u>gleicher Entfernung vom Ursprung</u> unterlieg <u>zur gleichen Zeit</u> gleichen Bedingungen! (.. da ja alle vor gleich langer Zeit aus dem „Urknall" kamen und seitdem gleichen Bedingungen unterliegen)

Laut <u>Standardmodell</u> sind wir seit 13,8 Mrd. Jahren auf unserem Radius unterwegs und haben demnach 13,8 (minus Abbremsung) Mrd. LJ zurückgelegt. Dauerte der Urknall nur kurze Zeit, z.B. <u>ein Jahr</u>, so haben sich die ersten Teilchen seit seinem Beginn $9{,}46 \times 10^{12}$ Kilometer entfernt. Nach 13,8 Mrd. Jahren beträgt die Entfernung $130{,}5 \times 10^{21}$ km vom Ursprung und die maximale Länge des Radius des Standard-Universums beträgt $(13{,}8 + 50) \times 10^{9} \times 9{,}46 \times 10^{12} = 6{,}04 \times 10^{23}$ Kilometer.

Nur über den maximalen Radius des Standard-Universums (SU) erhalten wir eine Beziehung zum GDU und dessen äußerster Kreisbahn.

Das Licht bewegt sich natürlich in beiden Modellen gleich schnell. Im **SU** benötigt es vom „Urknall" bis zur maximalen Ausdehnung (13,8 Mrd. Jahre – heutiges „Alter" - plus vermutete weitere 50 Mrd. Jahre) = <u>63,8 Mrd. Jahre auf „gerader Strecke", dem Radius.</u>

Im GDU läuft es auf einer <u>halben Kreisbahn mit halbem</u> <u>Radius</u> (Skizze).

Halber Radius = R/2. Halbkreis somit Pi x R/2, das sind 100 Mrd. Jahre.

Damit dehnen sich die Längen im GDU erst in 1,57-mal längerer Zeit als im SU auf das Doppelte aus.

(1,57 = Pi/2)

Der Zusammenhang ist offensichtlich:

Wenn Objekte auf der äußersten **Kreisbahn 13,8 +50 = 63,8 Mrd.** Jahre bis zur Symmetrie-Ebene unterwegs sind, haben sie die Hälfte des Kreises zurückgelegt. Der ganze Kreis hat also 127 Mrd. LJ Umfang und einen **Radius von r = 20,2 Mrd. LJ** Was folgt daraus?

Der Durchmesser dieser äußersten Kreisbahn beträgt 40,4 Mrd. LJ.

Der **Querschnitt durch den Torus** zweimal so viel, da ja der Kreis sich „jenseits der Achse" wiederholt, also 81 Mrd. LJ.

<u>Der Querschnitt des Gravitationsfeld-Dipol-Universums</u> **GDU** <u>hat in der Symmetrie-Ebene eine Ausdehnung von</u> <u>vier Radien zweier Kreisbahnen.</u>

<u>**Torus- Radius = 81 x10^9 Lichtjahren**</u>

Wenn wir am **maximalen Radius des Standard-** **Universums** (bei der Umkehr von Expansion zur Kontraktion) festhalten $(13,8+50)$ x 10^9 LJ, ergibt sich der Umfang der Kugel zu 2 x 3,1415 x 63,8 x10^9 <u>= 400 Mrd. LJ, der **halbe** Umfang also ziemlich genau zu</u> <u>200 Mrd. LJ.</u>

Ist dies die **äußerste Umlaufbahn des GDU**, dann legen alle Objekte auf dieser Bahn die Strecke in etwa 200 Mrd. LJ zurück. Gehen wir davon aus, dass die **Objekte 200 x 10^9 Jahre benötigen**, bis sie die Symmetrie-Ebene durchqueren.

Vom Kern des Universums sind sie dann – auf dem „geraden" Radius dieser Ebene gemessen – 200 /3,1415 = **63,7 Mrd. J von der Achse** entfernt. Dieses Verhältnis von Zeit pro halber Umlauf / 3,1415 = Radius (in LJ) gilt natürlich für alle Umlaufbahnen, auf denen die Objekte mit gleich bleibender Geschwindigkeit unterwegs sind.

Die Verzögerung bleibt wieder unberücksichtigt, ebenso wie die erwähnte Zeitspanne im Kern zwischen der SE und dem MatPol von etwa 700 000 Jahren (siehe oben).

Da alle **Masse-Objekte** mit annähernd Lichtgeschwindigkeit unterwegs sind, hängt ihre **Umlaufzeit direkt proportional vom Radius ihrer Bahn ab.**
Was sagt das über das „Alter" des Universums aus?
Nichts! Weil Objekte auf innerer Bahn mehr Umläufe hinter sich haben und damit öfter zerstrahlt und wieder entstanden sein können, als solche auf weiter außen verlaufender Bahn.
Ein allen gemeinsames „Alter" gibt es nicht! Es lässt sich jedenfalls nicht vom Radius der Bahn oder vom Ort des gegenwärtigen Aufenthaltes ableiten.

Wie bereits beschrieben, zerstrahlen nach dem Sturz in den DesPol alle Bausteine auf Bahnen nahe der Achse des Universums spätestens beim Erreichen der Symmetrie-Ebene zu reiner Energie. Die Stufen der Zerstrahlung (Zerfall der Moleküle, der Atome. der Kerne, der Quarks, der Neutrinos -Ablösung der „Gravitonen") machen bis zum Überschreiten der höchsten **Schwellen**-Temperatur (**ST**)von ca.10^{13} bis 10^{15+}K gewaltige Energien frei.

Wenn aber - einerseits kurzfristig keine Gravitation „den Laden zusammen hält" - andererseits nichts mehr zum Zerstrahlen vorhanden ist, weil alles bereits zu Strahlung wurde, dann geht die nun einsetzende Phase der Expansion des Universums, also der „Ausdehnung der Radien" auf einem **höheren Temperatur-Niveau und längere Zeit** vor sich als bisher angenommen.

Tragen die Energiemengen, welche durch die Zerstrahlung frei werden, dazu bei, dass die maximale Schwellentem-peratur auf den Bahnen sehr nahe der Achse schon **vor** der Symmetrie-Ebene (SE) erreicht wird und die Strahlung auf dem restlichen Weg bis zur SE durch die Kontraktion noch heißer wird?? **Dann könnten auch Objekte**, welche auf weiter von der Achse entfernter Bahn laufen, die Schwellentemperatur eher überschreiten und früh von ihrer Richtung (genau zum Mittelpunkt) nach außen abgedrängt werden,

der „Singularität" entgehen.

Nach dem Durchgang durch die SE kann die Temperatur länger über der Neutrino- Gravitonen -ST verharren, weil die „Abkühlung" von der aktuell weit höheren Temperatur bis zur ST einige Zeit länger dauert (nahe der Symmetrie- Ebene, etwa um die 0,001 Sek.)

Die Tabelle „ doppelter Radius bedeutet ein Sechzehntel Energiegehalt" gäbe dem Radius eine Chance, seine Länge mehrfach zu verdoppeln, bevor die ST unter-schritten wird. <u>Es dauert länger, bis die Gravitation durch Anlagerung der Gravitonen an die wieder entstandenen Neutrinos etc. beginnt, den Expansionsvorgang zu bremsen</u> und Strahlung bleibt länger erhalten, bevor sie in Materie übergeht. Dann (besser: **dort**) erst werden die divergierenden Bahnen (der Raum!!) gekrümmt und in die Kreisbahn gezwungen

Auch die Prozesse dauern länger, während die Expansion fortschreitet. Gibt es einen Hinweis darauf, dass noch weitere physikalische Vorgänge die Abläufe „ Ausdehnung des Radius" und „Unterschreiten einer ST beeinflussen? Es mag Spekulation sein, aber: Bei der Beobachtung ferner Galaxien stellen wir häufig die relativ flache Spiralform fest sowie eine zentrale Verdickung. Wir sehen keine „kalten Objekte", sondern nur strahlende Sonnen. Bleibt uns das wahre Volumen der Galaxien (incl. Dunkler Materie) verborgen? Kann es aus Flugbahnen und Gravitation errechnet werden?

In der **Nähe des Kerns (in der SE !) sind sich die Bahnen am nächsten.**
An ihren extrem vom Kern entfernten Stellen (den Kältepunkten, wiederum in der Symmetrie-Ebene) **haben sie den größten Abstand zu einander.**
Wenn auf diese Art alle Bahnen stabil geworden sind, ist sowohl der 2-D-Querschnitt als auch der 3-D-Torus stabil. Das beinhaltet – wie schon gesagt - dass n i c h t s in das /aus dem Universum herein /heraus gelangen kann. Damit ist das Pendant zum **äußerst dynamischen Verhalten der kleinsten Bausteine des Universums nahe an dessen „engster Stelle"** erreicht:
Das im Ganzen stabile Universum - ein Perpetuum Mobile !

Das Haupt-Argument gegen dessen mögliche Existenz ist, dass alle Vorgänge Energie „verbrauchen", alle Formen von Energie letztlich in Wärme, also elektromagnetische Strahlung übergehen und sich „im All, im Nichts" so „verdünnen", dass das Universum den Kältetod stirbt.
Nicht so im GDU !

Kann man davon ausgehen, dass die maximal mögliche **Temperatur von 10$^{13\,+x}$ K genau im Durchgangspunkt der Achse** des Modells anliegt und bis zur gesuchten ringförmigen Grenze der zentralen Kreisfläche, (durch welche die „reine Strahlung" von „unten nach oben" verläuft), nach gleichen Regeln abnimmt wie weiter

120

draußen von eben dieser Grenze bis zur äußersten
Gravitationsbahn? Ich glaube, man kann, denn die innerste
Bahn im Kern wird ja zur äußersten im Feld und dort ist
die Temperatur die tiefstmögliche des Universums, <u>ohne
dass irgendwo ein physikalisch-logischer Bruch in dieser
Entwicklung zu erkennen ist.</u>

„Kältepol": <u>Kältester Punkt</u> der am weitesten <u>vom Kern
in das Feld hinaus reichenden Bahn. Diese Bahn stellt die
äußerste Grenze des Universums dar und ihr kältester
Punkt liegt dort, wo sie durch die Symmetrie-Ebene geht.</u>
Wir reden hier von e i n e m Querschnitt durch den Torus,
also von eine z w e i- dimensionalen Betrachtung. Alle
Querschnitte zusammen ergeben die 3-D- Ansicht, den
Torus und seinen äußersten **Kältegürtel.**
Wie schon angedeutet, **wird** <u>die Temperatur des
Universums beim Umlauf an **Orten**„hinter" der
Symmetrie-Ebene - **noch im Kern** - indirekt proportional
zur 3. Potenz des Abstands von der SE geringer.</u>
Wir wissen, dass die Verdopplung_des Radius des
Universums dazu führt, dass die Temperatur nur noch ein
Sechzehntel beträgt.
Wird der Ausgangs-Radius a verdoppelt, werden auch
Gehen wir von unserer Umgebung mit einer Temperatur
der kosmischen Hintergrundstrahlung von 3 Kelvin aus
und von 13,8 x10^9 LJ Radius (des „heutigen" **Standard-
Universums**) und verdoppeln den Radius mehrfach bis

zur maximalen Ausdehnung von „13,8 plus 50 weiteren"
= 64 Mrd. LJ! Das ist das 4,63-fache des Ausgangswertes
13,8. Also 2,32-malige Verdoppelung.
Aus „unserer" Temperatur von 3 Kelvingraden werden
unter diesen Annahmen $3 / 16^{2,32} = 0,002$ Grad, also sehr
nahe am absoluten Nullpunkt bzw. ganz nahe der
äußersten Gravitationsbahn des GDU!

Wenn wir von unserem Standort (gemäß Standardmodell)
Richtung Zentrum /Achse des Universums blicken, „sehen"
wir die mehrfache <u>Halbierung des Radius und die damit
verbundene 16-fach erhöhte Energie-Dichte wie folgt:</u>
Unser **Radius** 13,8 Mrd. LJ. Hintergrundstrahlung 3 K

1. Halbierung	6,9 Mrd. LJ	führt zu	$4,8 \times 10$ K
2. H.	3,45	führt zu	$7,68 \times 10^{2}$ K
3. H.	1,725	führt zu	$1,23 \times 10^{3}$ K
4. H	0,86	führt zu	$1,97 \times 10^{4}$ K
5. H.	0,43	führt zu	$3,15 \times 10^{6}$ K
6. H.	0,216	führt zu	$5,0 \times 10^{7}$ K
7 H.	0,108	führt zu	$8,06 \times 10^{8}$ K
8. H.	0,054 Mrd. LJ	führt zu	$1,29 \times 10^{10}$ K
9. H.	27×10^{6}	führt zu	$2,06 \times 10^{11}$ K
10. H	$13,5 \times 10^{6}$	führt zu	$3,30 \times 10^{12}$ K
11.Halbierung	**$6,75 \times 10^{6}$**	**führt zu**	**$5,28 \times 10^{13}$ K**
12.Halbierung	$3,38 \times 10^{6}$	führt zu	$8,45 \times 10^{14}$ K
13. H.	$1,69 \times 10^{6}$	führt zu	$1,35 \times 10^{16}$ K
14. H.	**$0,84 \times 10^{6}$**	**führt zu**	**$2,16 \times 10^{17}$ K**

Es kommt nicht auf exakte Zahlen an, aber die **vierzehnte
Halbierung des Radius ergibt 840 000 Lichtjahre**

Radius - und das ist sehr nahe an dem Wert, den Weinberg (als Zeit-Angabe!) **mit 700 000 Jahren nennt, in denen „nichts Bemerkenswertes geschieht"** (St. W. , Sechstes Bild, S.123).
Diese Tabelle ergibt nach der 11.Halbierung bei einen Radius von immerhin noch 6,75 Millionen Lichtjahren eine Temperatur, die eine Zehnerpotenz über der liegt, von der Weinberg sagt, jetzt gebe es nur noch Strahlung und weitere Aussagen wären spekulativ, etwa bei 10^{12} K.

Wie kann es kommen, dass bei noch 6,75 Millionen Lichtjahren Radius des Universums bereits diese hohe Temperatur herrscht?? Und welche Temperatur herrschte dann nach der14.Halbierung des Radius?
   Ich sehe nur eine Antwort auf diese Frage:
Man darf **nicht** die im Standardmodell zu Grunde gelegte radiale Ausdehnung bzw. Kontraktion berücksichtigen, denn: Vom **„Alter" des Universums zu sprechen, ist unzulässig,** weil die Angabe „13,8 Milliarden Jahre mal Lichtgeschwindigkeit **nicht den „derzeitigen Radius des Universums" ergibt,** sondern **den Ort** beschreibt, an dem wir uns befinden: **13,8 Mrd. LJ entfernt vom MatPol auf unserer fast kreisförmigen Bahn** und auf dem Wege zur Symmetrie-Ebene, die unsere kosmische Umgebung in etwa 50 Mrd. Jahren durchqueren wird.
Wir müssen beachten: das Standarduniversum soll ein „Ballonhäutchen" sein. **In dessen Innerem das Nichts!?**

Kein Raum und keine Gravitation.
Daher ist es auch nicht sinnvoll, von einem „Radius",
seiner Verdopplung und deren Auswirkung auf die
Temperatur zu sprechen!!
Stattdessen müssen wir die halbe kreisförmige
Gravitationsbahn im GDU mit dem halben Radius in die
Rechnung einbeziehen.
Der Radius r des Halbkreises entspricht der Hälfte
der „geraden" Strecke (im Standard- Univ.) von der Achse
zum äußersten Punkt des Radius.
Also: $r = R/2$. Umfang der ganzen Kreisbahn: $2rpi = Rpi$
Bis zur SE also **r x pi**
Gegenüber der Ansicht, der **Raum a^3** enthalte bei
verdoppeltem Radius (im Standardmodell fast mit dem
„Alter" gleichzusetzen) **des sich radial-kugelförmig
ausdehnenden Universums** nur noch **ein Sechzehntel** an
Energie/Temperatur müssen wir feststellen, dass d i e s e
Verdoppelung **n i c h t** in der Zeit „Radius geteilt durch
Lichtgeschwindigkeit c" erfolgt,
          sondern in „**r x pi geteilt durch c** ".
Alle Objekte, auch die **Wellenlängen**, dehnen **sich nicht
direkt proportional mit dem Radius R des Standard-
Universums, sondern erst nach der Zeit
          (r x pi /2 geteilt durch c)
     auf das Doppelte ihrer Ausgangslänge aus.**
In der Skizze haben wir das Standarduniversum im
Moment der größten Ausdehnung (Radius = R)
abgebildet.

Diesem entspricht im **GDU die äußerste Kreisbahn,** allerdings nur „**im Moment**", da d i e s e Bahn zwar **ständig den gleichen Radius hat,** der des **Standard- Universums aber** von diesem Moment an **bis auf Null zurückgeht.**

Im GDU haben wir viele **orts-** und **zeit- beständige Kreisbahnen** mit sehr **unterschiedlichen – in einander geschachtelten Radien.**

Eben wegen der Beständigkeit der einzelnen Bahn und der Vielzahl der gleichzeitig vorhandenen Radien sagen sie nichts über das Alter aus. Nur über den maximalen Radius des Standard-Universums erhalten wir eine Beziehung zum GDU und dessen äußerster Kreisbahn.

Das Licht bewegt sich natürlich in beiden Modellen gleich schnell. Im **SU** benötigt es vom „Urknall" bis zur maximalen Ausdehnung (13,8 Mrd. Jahre - heutiges „Alter" - plus vermutete weitere 50 Mrd. Jahre) = 63,8 Mrd. Jahre auf „gerader Strecke", dem Radius..

Im **GDU** läuft es auf einer halben Kreisbahn mit halbem Radius (Skizze). Halber Radius = R/2. Halbkreis somit pi x R/2, das sind 100 Mrd. Jahre. Damit dehnen sich die Längen im GDU erst nach **1,57-mal längerer Zeit auf das Doppelte aus als im SU.**

Der Zusammenhang ist offensichtlich:

Wenn Objekte auf der äußersten **Kreisbahn 13,8 +50 = 63,8 Mrd.** Jahre bis zur Symmetrie-Ebene unterwegs sind, haben sie die Hälfte des Kreises zurückgelegt.

Der ganze Kreis hat also 127 Mrd. LJ Umfang und einen **Radius von 20,2 Mrd. LJ.** Was folgt daraus?

Der Durchmesser dieser äußersten Kreisbahn beträgt 40,4 Mrd. LJ.

Der **Querschnitt durch den Torus** zweimal so viel, da ja der Kreis sich „jenseits der Achse" wiederholt, also 81 Mrd. LJ.

Das Gravitationsfeld-Dipol-Universum **GDU** hat einen Durchmesser (in der Symmetrie-Ebene des Torus) von 81×10^9 Lichtjahren.

Wenn wir am **maximalen Radius des *Standard-Universums*** („Urknall" bis zur Umkehr von Expansion zur Kontraktion) festhalten, $(13,8+50) \times 10^9$ LJ ergibt sich der Umfang der Kugel zu $2 \times 3,1415 \times 63,8 \times 10^9 = 401$ Mrd. LJ; der **halbe Umfang** also ziemlich genau zu **200 Mrd. L J.**

Ist dies die **äußerste Umlaufbahn des GDU**, dann legen alle Objekte auf dieser Bahn die Strecke in etwa 200 Mrd. LJ zurück. Schneller als Licht geht nicht.

Die Verzögerung in der ersten Hälfte der Kreisbahn wird in der zweiten Hälfte wieder ausgeglichen.

Die Geschwindigkeit der Objekte muss aber **nicht „bis zur Umkehr von Expansion zu Kontraktion" auf Null** reduziert werden, wie es im

Standardmodell unausweichlich ist!

Ohne genaue Kenntnis des Grades der Verzögerung kann ich nicht weiter auf deren exakten Einfluss eingehen.

Gehen wir davon aus, dass die **Objekte 200 x 10^9 Jahre benötigen**, bis sie die Symmetrie-Ebene durchqueren. Vom Kern des Universums sind sie dann – auf dem „geraden" Radius dieser Ebene gemessen ‾ 200 /3,1415 = **63,5 Mrd. Jahre von der Achse entfernt**. Dieses Verhältnis von „Zeit pro halber Umlauf / 3,1415 = Radius" gilt natürlich für alle Umlaufbahnen, auf denen die Objekte mit konstanter Geschwindigkeit unterwegs sind. Die Verzögerung bleibt wieder unberücksichtigt, ebenso wie die erwähnte Zeitspanne im Kern zwischen der SE und dem MatPol von etwa 700 000 Jahren (siehe oben). Da alle Masse-Objekte mit annähernd Lichtgeschwindigkeit unterwegs sind, hängt ihre Umlaufzeit direkt proportional vom Radius der Bahn ab. Wie bereits beschrieben, zerstrahlen **nach dem Sturz in den DesPol** alle Bausteine des Universums spätestens beim Erreichen der Symmetrie-Ebene zu reiner Energie. Die Stufen der Zerstrahlung (Zerfall der Moleküle, der Atome, der Kerne, der Quarks, der Neutrinos (Ablösung der „Gravitonen") machen bis zum Überschreiten der höchsten Schwellentemperaturen von ca. 10^{11} bis 10^{13+} K gewaltige Energien frei. Wenn aber einerseits kurzfristig keine Gravitation „den Laden zusammen hält" und andererseits nichts mehr zum Zerstrahlen vorhanden ist, dann geht die nun einsetzende Phase der Expansion des Universums, also der „Ausdehnung der Radien" auf einem **höheren**

<u>Temperatur-Niveau</u> <u>und längere Zeit</u> <u>vor sich als bisher
angenommen.</u>
Tragen die Energiemengen, welche durch die Zerstrahlung
frei werden, dazu bei, dass die maximale <u>ST auf den
Bahnen sehr nahe der Achse schon</u> **vor** <u>der Symmetrie-
Ebene (SE) erreicht wird</u> und die Strahlung den restlichen
Weg bis zur SE durch die Kontraktion noch heißer wird ?
Mag schon sein. <u>Dann könnten auch Objekte, welche auf
weiter von der Achse entfernten Bahnen laufen, die
Schwellentemperatur eher überschreiten und früh von
ihrer Richtung (genau auf den Mittelpunkt zu) nach außen
abgedrängt werden, der „Singularität" entgehen.</u>

Vor und nach dem Durchgang der Strahlung durch die SE
kann deren Temperatur länger oberhalb der Neutrino-
Gravitonen- ST verharren, weil die „Abkühlung" von der
aktuell weit höheren Temperatur bis zur ST einige Zeit
dauert. Die Tabelle „ doppelter Radius bedeutet ein
Sechzehntel Energiedichte" gäbe dem Radius eine Chance,
seine Länge mehrfach zu verdoppeln, bevor die ST
unterschritten wird.
<u>Es dauert länger, bis die Gravitation durch Anlagerung der
Gravitonen an wieder entstandene Neutrinos den
Expansionsvorgang zu bremsen beginnt</u> - Strahlung bleibt
länger erhalten, bevor sie in Materie übergeht.
Dann, besser: **<u>dort erst</u>** werden die divergierenden
Bahnen- der Raum- gekrümmt und die ihnen folgenden
Objekte in Kreisbahnen gezwungen.

Auch die Prozesse dauern länger, während die Expansion fortschreitet.

Gibt es einen Hinweis darauf, dass noch weitere physikalische Vorgänge die Abläufe „Ausdehnung des Radius" und „Unterschreiten einer ST" beeinflussen? Die Frage bleibt, **<u>wie groß der Radius der Kreisfläche sein muss</u>**, durch welche die sehr heiße Strahlung (in der Figur von <u>unten nach oben</u> durch die SE geht), um der auf den äußeren Bahnen von <u>oben nach unten</u> durch die SE gehenden Masse genau das Gleichgewicht nach $e = m \times c^2$ zu halten und damit das System permanent zu stabilisieren. **<u>Das ist der Radius des Kerns</u>**.

Ja, aber…jede Verdoppelung des Radius dauert doppelt so lange wie die vorhergehende.

Diese Entfernungen sind zu messen von der Fläche, welche die Strahlungs- Region von der Materie-Region trennt, auf dem Radius der SE bis zur äußersten kreisförmig- (-elliptischen?) Bahn. Wie schon angedeutet („Anzahl der Quasare und Schwarzen Löcher"), <u>nimmt die Temperatur des Universums an Orten „hinter" der Symmetrie-Ebene - noch im Kern- sehr stark ab.</u>

<u>Wir wissen, dass die **Verdoppelung des Radius des Standard-Universums** dazu führt, dass die Temperatur auf ein Sechzehntel zurückgeht.</u>

Die Temperatur des Universums beträgt (nach Weinberg)

bei 0,66 LJ Radius $\quad 10^{11}$ K,

bei 1,33 LJ Radius $\quad 62 \times 10^{6}$ K,

nach weiteren Verdopplungen des Radius auf

85,3 LJ   3,75 Kelvin

und bei ca. 158 LJ sind es noch   3,0 Kelvin.

Damit sind wir <u>sehr nahe an der heute in unserer
kosmischen Umgebung „gemessenen" Temperatur der
Hintergrundstrahlung von 2,73 K.</u>
Genauer zu rechnen bringt wegen zahlreicher angenäherter
Werte nichts.
<u>Bei 240-fach verlängertem Radius des Ausgangswertes
von 0,66 LJ kommen wir auf etwa 85,3 LJ für den</u> **Radius
unserer Umlaufbahn, was fern der Realität liegt.**
<u>Vergessen wir die Ungenauigkeiten und Dezimalstellen!</u>
Rein rechnerisch kann es sich um Fehler durch Auf- oder
Abrundung in der Größenordnung von 10 Prozent handeln,
aber selbst das würde maximal zu einem Radius des
Universums von ungefähr 1000 LJ
führen. Eventuelle Verlangsamung der Ausdehnung durch
die Gravitation ergibt sogar noch geringere Werte für den
Radius.
**<u>Gehen wir vom Standardmodell aus, sind etwa 63,8 x
10^{9} LJ als Wert für den maximaler Radius
anzunehmen</u> (Heutiges „Alter" ca.13, 8 Mrd. J. plus
weitere 50 Mrd.)** <u>Der sich aus obiger Tabelle ergebende
Radius beträgt nur etwa ein Promille</u> des Soll-Wertes
nach dem Standardmodell. **Wo liegt der Fehler??**
Ich sehe nur eine mögliche Erklärung:
Man darf **nicht** die im Standardmodell zu Grunde gelegte
radiale Ausdehnung - bzw. Kontraktion - berücksichtigen,
sondern:

**Es müssen physikalische Prozesse einbezogen werden,
welche nach meiner Kenntnis bisher nicht bedacht
wurden:**

Wie bereits beschrieben, zerstrahlen nach dem Sturz in
den DesPol alle Bausteine des Universums spätestens
beim Erreichen der Symmetrie-Ebene zur reinen Energie.
Tragen die Energiemengen, welche durch diese
Zerstrahlung frei werden, dazu bei, dass die ST auf den
Bahnen nahe der Achse schon in **größerem Abstand vor
der Symmetrie-Ebene (SE)** erreicht und die Strahlung
den restlichen Weg bis zur SE durch Kontraktion noch
heißer wird? Mag schon sein. Es dauert dann länger, bis
die Gravitation durch Anlagerung der Gravitonen an
wieder entstandene Neutrinos den Expansionsvorgang zu
bremsen beginnt und Strahlung bleibt länger erhalten,
bevor sie in Materie übergeht. Auch weitere Prozesse
 dauern länger, während die Expansion fortschreitet.
Nach Weinberg (a. a. O . S.123) geschieht etwa in dieser
Phase „700 000 Jahre nichts Bedeutendes, außer dass sich
das Universum weiter ausdehnt.
Der Wert für die Temperatur, welcher dem tatsächlich
gemessenen am nächsten kommt, liegt bei 1,15 K und das
bei einem Radius von 1360 LJ.
Wir nehmen an, das **Alter des Universums und sein
Radius sei 13,8 Mrd. Jahre bzw. Lichtjahre.
Das ist das 10- Millionenfache des Wertes aus der
Tabelle!!**
Was sollen da weitere Korrekturen im Prozentbereich??

Bauteilchen der **Materie** und deren
Beziehungen zu **Wellen / Strahlung:**

<u>Das Photon</u>

Wir nehmen das **Photon** als Elementar-**„Teilchen"** des
Lichts an.

Können wir ein „freies" Photon oder Tausende davon
sehen? Nein!

Erst das **Auftreffen der Photonen auf Materie** macht
die Materie sichtbar, überträgt die Eigenschaft „Licht" auf
Materie, erhellt sie. Ein Blick aus dem Raumschiff zeigt
zwar Sterne – besser gesagt: das von großen Materie-
Anhäufungen ausgehende Licht - aber

**<u>keine</u> „ursprünglichen", von <u>Materie unabhängigen</u>
Lichtstrahlen** im „leeren" Raum.

Licht kann also von uns nur „mit bloßem Auge" erkannt
werden, wenn es im Zusammenhang mit Materie steht.
Anders ausgedrückt:

Es trifft im Auge auf die Netzhaut und die darin
enthaltenen <u>Stäbchen und Zapfen</u>. Erstere sind die
„Empfänger und Mess-Instrumente für Hell- /Dunkel",
letztere für die Unterscheidung von Farben,
deren verschiedene Wellenlängen verschiedene Eiweiß-
Moleküle unterschiedlich stark anregen, Signale zum
Gehirn weiterzuleiten.

Nur einen kleinen Ausschnitt aus dem Spektrum
elektromagnetischer Wellen können die Augen der
Wirbeltiere als „Licht" erfassen.

132

Das Spektrum „diesseits des Lichtes" ist der Bereich von
Infrarot und Wärme. „Jenseits des Lichtes" ist der Bereich
von „Ultraviolett" und noch wesentlich kurzwelligerer
Strahlung:
Sichtbares Licht und die Nachbarbereiche liegen bei
Wellenlängen von

10^{-5} bis 10^{-6} Meter (Infrarot)

10^{-6} (sichtbares Spektrum)

10^{-7} bis 10^{-8} (UV-Strahlung)

(Siehe auch Charakteristika von Wellen)

Nennen wir das **Photon „Licht - Teilchen"**, seine
Anwesenheit, „Helligkeit", dann ist deren **Ab**wesenheit
eben „Dunkelheit".

„Negative Helligkeit" ist wohl Unsinn. Ein „Teilchen"
kann über seine Dimensionen (Länge Breite, Höhe,
Radius,) Dichte, Masse und äquivalente Energie ($e = m$
mal c^2) gut beschrieben werden.

Fassen wir aber das **Photon als Welle** auf, müssen wir ein
riesiges Spektrum untersuchen. Das führt hier zu weit und
wir dürfen noch nicht einmal sicher sein, ob wir mit den
heute verfügbaren Techniken überhaupt zu einer auf
Dauer haltbaren Aussage kämen .

Ein kurzer Versuch sei gewagt: Die Welle ist beschrieben
durch ihre Frequenz, die Wellenlänge und die Amplitude.

Da wir hier nur die Klasse der elektromagnetischen
Wellen betrachten, zu denen ja das Licht zweifellos
gehört, können wir uns auf die Erkenntnis stützen, dass

das **Licht sich im Vakuum mit 300 000 km pro Sekunde bewegt, wie jede andere elektromagnetische Strahlung!** Eine banale, nicht gerade neue Aussage !? Die Bedeutung der Aussage für das hier behandelte Thema „Universum" liegt **einerseits darin**, dass wir nur <u>einen</u> Wert, Frequenz <u>oder</u> Wellenlänge zu kennen brauchen, um auf den zweiten schließen zu können und **zweitens** in der nicht gerade umwerfenden Beachtung der Tatsache, dass dieser <u>Zusammenhang von der kürzesten bis zur längsten Welle gilt!</u>

Es gibt keinen Bruch in diesem Spektrum! Die **<u>kürzeste</u> Wellelänge** kann nur die zugleich kürzeste Entfernung ein, nämlich die Planck-Länge von $1{,}616199 \times 10^{-35}$ m.

Die <u>längste denkbare</u> Welle ist diejenige, welche mit <u>einer</u> Schwingung (von einem Maximum zum nächsten) 300 000 km überwindet.

Da die Welle nicht schneller sein kann als das Licht, benötigt sie dafür eine Sekunde.

Weil <u>Wellenlänge und Temperatur miteinander verbunden sind</u> und die kälteste Temperatur des Universums in den Durchgangspunkten der äußersten Gravitationslinien durch die Symmetrie-Ebene erreicht wird, muss diese **Temperatur <u>sehr</u> nahe bei Null Kelvin** liegen.

Kälter kann es nicht werden und die Wellen nicht länger! Bei dieser Temperatur **strahlt kein Masse-Stückchen mehr Energie** ab.

Es gibt in dieser äußersten „ Hülle des Ballons" nur „**Dunkle Materie**", die sich aber lediglich durch den Stillstand aller physikalischen Vorgänge von „unserer" gewohnten Materie unterscheidet!
Andere Komponenten der „Dunklen Materie" sind die Teile, die sich an ihrem **Ort,** auf ihrer Kreisbahn weiter als 13,8 Milliarden Lichtjahre von unserem **Ort** auf unserer Bahn entfernt sind. (Kommt im „Standard-Universum" nicht vor, ist aber im TORUS des GDU kein Problem!)
Diese Materie ist jenseits des Ereignis-Horizonts, ihr Licht noch nicht bei uns angekommen und deshalb ist sie „dunkel"!

Das Elektron

Wir kennen das Elektron als Grundelement der negativen elektrischen Ladung. H a t ein Elektron Ladung? Nein! Es i s t negative Ladung!
Bei der Vereinigung mit Materie überträgt es seine Eigenschaft auf die Materie. Das betreffende Teilchen „ist dann elektrisch negativ geladen" (⁻Ion) oder neutral, wenn es vorher ein positiv geladenes Ion war.
Der **t y p i s c h e W i r t** für ein Quant elektrischer Ladung ist Materie mit etwa einem **Zweitausendstel der Masse des Neutrons**, eben die Elektronenmasse.
Der Verlust eines Elektrons (Masse-Quant plus Ladungsquant) macht - vereinfacht dargestellt - aus dem Neutron ein Proton (positiv geladen)

Das Graviton

Wir sehen das Graviton als Quant der Anziehungskraft.
H a t ein Graviton Anziehungskraft? Nein!
Es i s t Anziehungskraft.

Typischer „Wirt" des Gravitations-Quants ist ein
„Raum-Quant", **das Neutrino.**

Bei der Vereinigung mit einem Neutrino überträgt das
Graviton sich, sein Wesen, die Eigenschaft „Gravitation"
auf seinen Wirt. Dieser ist ohne das Graviton nur ein
minimales (eindimensionales) „Raum" - Teilchen, eine

Achse, an deren Enden (Polen) zwei „halbe"
Gravitonen andocken und *gerichtet darum kreisen.*
**Erst damit wird diese Eigenschaft wirksam, weil
die bis dahin chaotisch kreisenden Gravitonen
keine Außenwirkung erzeugten, sich gegenseitig
neutralisierten.**
(Zu „zwei halben Gravitonen" s.S. 225)

Die **Abwesenheit der Gravitonen** begründet die
unbeeinflusste, „geradlinige", weder gebremste noch
beschleunigte Weiter-Bewegung aller vorhandenen
„Elemente". Das können unter den gegebenen Bedingungen nur **Quanten des Raumes sein, Neutrinos**, da weiter
nichts existiert.

So nach dem Durchgang durch die SE!
Oberhalb der Schwellentemperatur sind die **Gravitonen
frei,** wirken aber nicht anziehend, **weil es dazu der
gleichgerichteten Rotation bedarf.**

Erst wenn die Gravitonen frei sind, kann sich
- der Raum ungebremst ausdehnen ,
- damit die Temperatur fallen und
- die Gravitonen sich an die aus Strahlung wieder
erstandenen Teilchen anheften, ihnen ihre Eigenschaft
Gravitation übertragen.
Solange nur wenige Teilchen zur Verfügung stehen, kann
der Raum sich ausdehnen, ohne stark gebremst zu werden.
Später wird er stärker verlangsamt und gekrümmt, bis sich
ein breiter Strom von Kreisbahnen ergibt, welcher durch
das <u>Gleichgewicht von Flieh- oder Zentrifugalkraft und
Gravitation oder Zentripetalkraft stabil gehalten werden</u>.

Dunkle Materie und **Dunkle Energie**

Immer häufiger tauchen die Begriffe „Dunkle Materie"
und „Dunkle Energie" in Beiträgen zur Kosmologie auf.
 1. Laut Wikipedia stellt die „Dunkle Materie" 27 % der
Masse des Universums. Was sich dahinter verbirgt, sei
noch völlig unklar.
 2. Die „Dunkle Energie" soll angeblich ein Feld sein,
welches den Kosmos „auseinander treibt"
Was ist „Dunkle Materie??",**Kalte Materie"** wäre besser!
Zunächst: ein unglücklich ausgewählter Begriff!
Man kann das Begriffspaar <u>„Materie" und „Strahlung"</u>
als den Oberbegriff all dessen verstehen, was das
Universum erfüllt, wobei diese beiden Erscheinungs-
formen ineinander übergehen können (Masse-Teilchen

oder Welle auftreten können, wie z.B. Licht als Photon oder als Welle).

Was aber soll der Begriff „Dunkel"?
 - Für das „menschliche Auge unsichtbar", im Keller oder Tunnel?
 - Für technische Empfänger von Strahlung „nicht vorhanden"?
 - weil verfügbare Technik die Strahlung nicht erkennt?
 - weil tatsächlich <u>keine Strahlung emittiert</u> wird?
   Letzteres scheint wohl der Fall zu sein.

Die Erklärung dazu ist einfach: Materie, welche bis zum absoluten Nullpunkt der Temperatur abgekühlt ist, strahlt nicht!

Die - **i m K e r n** - der Achse nächsten Bahnen werden **im Feld** <u>zu den äußersten</u> und damit deren <u>Bahn-Anteile</u> <u>nahe der Symmetrie-Ebene</u> **zur kältesten Region** des Universums.

<u>Objekte in dieser Zone strahlen nichts aus!</u>

<u>Die Angabe bei Wikipedia, diese Dunkle Materie stelle 27% der Masse des Universums, ist nur im Standard-Modell schwierig zu begründen.</u>

Im hier vorgestellten Gravitationsfeld-Dipol-Modell enthält der <u>TORUS wesentlich mehr Masse als das Urknall-Modell!</u>

Ein Querschnitt durch den TORUS ergibt zwei Kreis-Flächen, welche identisch sind und erfüllt von Gravitationsbahnen.

Sie sind gespiegelt, wodurch der Effekt entsteht, dass die
- **Objekte im Kern nicht „frontal zusammenstoßen",
  sondern**
- **eine kurze Strecke dicht parallel verlaufen und die**
- **Abplattung erfahren, welche sich auflöst, sobald die
  Objekte sehr nahe der Symmetrie-Ebene die
  Gravitation verlieren und auseinander streben,**
- **bis die Schwellentemperatur wieder unterschritten
  wird , die Gravitonen wieder an die Neutrinos
  andocken und**
- **die „gerade" Flugrichtung mit dem Raum in
  Kreisbahnen gezwungen wird.**

Es entsteht der Torus !!

**Das Auseinander-Streben zweier durch Druck /
Gravitation gegeneinander gepresster Objekte ist
beim Nachlassen des Drucks durchaus alltäglich und
bedarf keiner dunklen Energie! (Siehe auch S.195)**

Die mehrfach erwähnten Bahnen kommen aus dem
„Materialisations-Pol", der Grenzfläche des Kerns, wo
Strahlung in Materie übergeht.
Wie gesagt: nahe dem Mittelpunkt des Pols (und der
Achse) laufen die Bahnen weiter „geradeaus", weil die
Vektoren nach allen Seiten identisch sind.
Im Kern weiter von der Achse entfernt laufende Bahnen
werden eher nach außen abgelenkt,haben kürzere Radien
und Umlaufzeiten. Objekte auf diesen Bahnen überholen
jene auf den äußeren.

Welche Bahnen (und Objekte auf ihnen) wo weit genug
in den Raum hinaus reichen, um zum Bereich der
„Dunklen Materie" zu gehören, ist kaum zu sagen.
Jedenfalls trifft man die kältesten Bereiche jeder Bahn
nahe der Symmetrie-Ebene, „über" und „unter" ihr!
Von **negativer Gravitation** ist nichts bekannt,
wohl aber davon, dass zwei sich entgegengesetzt drehende
Gummireifen bei ihrer Berührung - leicht abgeplattet –
abstoßen und nach sehr kurzer Fortbewegung auf ihrer
„Berührungsebene" mit neuer Bewegungsrichtung von
einander entfernen. Der „Schub" zu dieser neuen
Bewegungsrichtung entstammt dem Bestreben, die
Abplattung wieder „auszubügeln".
Von Stärke und Dauer dieses Schubes hängt die neue
Richtung ab. Dabei gilt: Einfallwinkel = Ausfallwinkel

Dipole, Wellen und Symmetrie

haben wir als Grund-Prinzipien des Universums
angenommen. Dazu die Forderung nach einfachen
Lösungen. **Was ist ein Dipol?** Eine Einheit, die aus einer
meist linearen, eindimensionalen Achse, (dem „**Kern**")
besteht, an deren beiden Enden (den „**Polen**") der
Übergang von Zuständen und Prozessen im „**Kern**"
zu denen im „**Feld**" geschieht.

Beispiele:
Beim **Stabmagneten** ist der Kern aus **solider Materie.**
Er ist vom umgebenden Feld exakt abgegrenzt

Das Feld besteht aus einem <u>Strom kohärenter magnetischer Kraftlinien</u>, die aus einem der Pole heraustreten, sich in alle Richtungen <u>ausbreiten</u>, dabei durch die anziehende Wirkung des Kerns gebogen werden und sich nach dem Durchgang durch die Symmetrie-Ebene wieder annähern, um durch den zweiten Pol wieder in den Kern einzutreten.

Diese Kraftlinien laufen <u>parallel zur Achse</u> durch den Kern und von <u>Pol zu Pol durch das Feld</u>!

Um die Achse herum <u>kreist</u> nichts!

Wohl aber ist das Feld um die Achse herum vorhanden!

<u>Die typische Wirkung (Magnetische Anziehung/ Abstoßung) erfolgt nur **entlang** der Kraftlinien.</u>

<u>Nicht senkrecht dazu!</u>

Die **Gravitationsbahnen** des Feldes im **GDU** <u>laufen und wirken ebenso!</u>

Der Unterschied besteht darin, dass der <u>Kern hier aus Strahlung</u> besteht und das <u>Feld aus dem Strom der Linien</u>, die - je nach Radius und Abstand vom Pol - sehr unterschiedlich mit heißer oder kalter („dunkler") Materie in verschieden dichter Anordnung – besetzt sein können. Alle Objekte kosmischen Ausmaßes laufen auf diesen stabilen „Bahnen" um!

Nun ein Blick auf den kleinsten „**Dipol"**, **das Photon** ,
das - entlang der Achse projiziert - **symmetrische Etwas
mit zwei Polen**:
Projektionen der **Bewegung des Photons** (in seiner
Teilchen-Version) in Richtung und senkrecht zur Achse
der Fortbewegung.

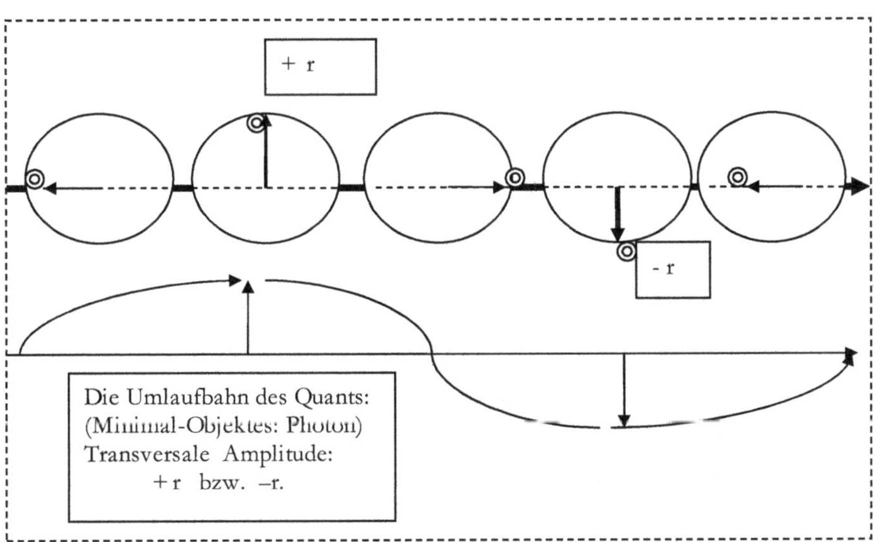

Warum sollte sich dieser kleine Dipol fortbewegen?
Gäbe es nur dieses einzige kleine Teilchen mit seiner
Kreisbahn, bestünde kein Grund, seinen Aufenthaltsort zu
verlassen, um mit Lichtgeschwindigkeit davon zu eilen.
Bewegt sich aber dieses rotierende Mini-Objekt
auf einer Geraden vorwärts, so beschreibt ein bestimmter
Punkt auf dieser Kreisbahn eine Sinus-Kurve, eine Welle,

bei der sich dieser Punkt **quer zur Fortbewegung** des
Mittelpunktes mal rechts, mal links, oben/unten) vom
Mittelpunkt befindet.

Es handelt sich um eine **Transversal-Welle.**
Licht - als Welle - kann in allen möglichen Ebenen
schwingen (Polarisations-Filter!).
Bei der riesigen Anzahl der Wellen in der Strahlung,
- welche bei einer bestimmten Temperatur des
  Universums und damit
- in etwa gleicher Entfernung vom Kern existieren
  ist anzunehmen, dass die Zahl der links- bzw. der rechts
  herum laufenden Teilchen etwa gleich groß sein dürfte.
Sind die **Lichtwellen dicht gepackt,** erfüllen sie den
Raum, berühren sich, verstärken oder löschen sich
gegenseitig aus.

Charakteristika von Wellen

Elektromagnetische Wellen unterscheiden sich
hauptsächlich durch
 - ihre Amplitude (die der Lautstärke eines Tones bei
   Schallwellen entspricht) und
 - ihre Wellenlänge (Frequenz /Tonhöhe)
Wir betrachten nur das **Spektrum (die Wellenlängen)
elektromagnetischer Wellen und die Art, wie wir sie
wahrnehmen oder nutzen.**
Am langwelligen Ende der Skala sind die **Radiowellen**
angesiedelt, welche von den Langwellen-Sendern genutzt
werden und bis zu **Kilometern** Wellenlänge haben.

Da sie sich mit Lichtgeschwindigkeit ausbreiten, haben sie eine Frequenz von etwa 300 Kilohertz.

Es folgen die Mittelwellen, dann Kurz- und Ultrakurz-Wellen mit **Meter- bis cm-Wellenlängen.**

Das sichtbare Licht und seine Nachbarbereiche liegen bei Wellenlängen von $\quad 10^{-5} \quad$ bis $\quad 10^{-6}$ Meter (Infrarot)

$$10^{-6} \quad \text{(sichtbares Spektrum)}$$

$$10^{-7} \quad \text{bis} \quad 10^{-8} \text{ (UV-Strahlung)}$$

Am <u>kurzwelligen Ende</u> finden sich - bei Frequenzen um 300 Megahertz die Wellen, welche zur Kernspinresonanz genutzt werden und **bei etwa 300 Gigahertz (was einer Wellenlänge von 1 Millimeter entspricht) die Kosmische Hintergrundstrahlung.** Werte aus Wikipedia Uns interessiert aber ein Bereich, dessen Wellenlängen mindestens um 10^{-6} bis 10^{-10} kürzer sind, da sie im Kern von Atomen und deren Bestandteilen, Quarks, Neutrinos und Gravitonen anzutreffen sind.

Die Skizze (S.145) <u>stellt eine zeitliche Abfolge von Zuständen</u> dar.

Die Umlaufbahn weist stets die gleiche Form auf, nur ist das Teilchen (Photon, Elektron, Graviton) auf Kreisbahn u. Zeitachse fortgeschritten, woraus sich die Schrauben-form ergibt. Was würden wir sehen, wenn wir könnten? Von der Seite her eine Sinuskurve, in Achsrichtung das Auf und Ab des Teilchens (in der Projektion) entlang der Kreisbahn, auch wenn dieses Teilchen ein „Wölkchen" sein sollte und nicht an einem festen Ort beobachtet werden kann!

Ist Gravitation G eine Welle oder konstante Wirkung?

Früher verstand man Gravitation als eine über die Zeit gleich bleibende Kraft zwischen zwei oder mehreren Objekten. Die Formel $G = M1 \times M2 / R^2$ enthält keinen Faktor, der auf zeitliche Schwankungen hinweist. Neuerdings wird vom „Zittern", also zeitlichen Veränderungen der Intensität berichtet. Ursache könnte sein, dass sich in einem System aus zwei oder mehreren Komponenten ein kleineres Objekt sehr schnell um das Größere dreht und der gemeinsame Schwerpunkt sich damit vom Beobachter entfernt bzw. sich ihm nähert, womit geringe Äderungen der Mess- Ergebnisse zu erklären wären.

Zusammenwirken elektromagnetischer Wellen mit elementaren Bauteilchen der Materie.

Wir sehen ein **Photon** als Quant des Lichts an - sei es als Teilchen oder Welle. Sehen wir ein Photon oder Tausende davon? Nein !

Erst das **Auftreffen des Photons auf Materie** macht die Materie für unser Auge sichtbar, überträgt die Eigenschaft „Licht" auf Materie, indem es diese ihrerseits zur Aussendung art-typischer Frequenzen anregt und / oder solche absorbiert.

Siehe „Rotverschiebung" (Absorption von Frequenzen im Spektrum ferner Galaxien) .

Nur ein winziger Bereich des Spektrums der elektromagnetischen Strahlung / Frequenzen wird von uns als „Licht" empfunden. Ein Blick aus dem Raumschiff zeigt zwar
  - (primär) **leuchtende** Objekte (Sonnen, Galaxien) bzw.
  - (sekundär) **beleuchtete** Objekte (Planeten, Monde, Kometen), aber
keine Lichtstrahlen im oder aus dem „leeren" (materiefreien) Raum.
„Licht" ist an die Existenz von „Materie" gebunden, somit eine potentiell vorhandene Eigenschaft von Materie. **„Materie"** ist aber **nicht** abhängig von „Licht" (oder, weiter gefasst, vom Vorhandensein elektromagnetischer Strahlung.
Nennen wir Photonen „Lichtteilchen", deren **An**wesenheit in Verbindung mit Materie „Helligkeit", dann ist deren **Ab**wesenheit eben „Dunkelheit". „Negative Helligkeit" ist wohl Unsinn. Die „**Dunkle Materie**" ist einfach nur solche, die keine Strahlung aussendet (kalt ist) oder deren Strahlung uns nicht erreicht.

Wir kennen das **Elektron** als Grundelement negativer elektrischer Ladung. H a t ein Elektron Ladung? Nein ! Es **i s t** negative Ladung !
Bei der Vereinigung mit einem neutralen Teilchen überträgt es seine Eigenschaft auf die Materie. Das betreffende Neutron „ist dann elektrisch negativ geladen", ein „Ion".

Wir verstehen das **<u>Graviton</u>** als Quant /Elementarteilchen der Anziehungskraft. H a t ein Graviton Anziehungskraft? Nein! Es **i s t** Anziehungskraft.
Bei der **Vereinigung mit dem masselosenTeilchen (z.B. Neutrino) überträgt das Graviton** sich

    - seine einzige Eigenschaft „Gravitation" -
auf seinen Wirt. Dieser ist nichts weiter als **das minimale ein-dimensionale Element des Raumes, eine Achse.**
<u>Erst dies Zusammenwirken beider bewirkt die Aktivierung dieser Eigenschaft, weil die Gravitonen an der „Achse ausgerichtet werden. Sie binden Neutrinos aneinender. Oberhalb der typischen Schwellentemperatur löst sich das Graviton vom Raum-Teilchen Neutrino.</u>

<u>Die Quark-Singles zerfallen und die Gravitonen sind frei, wirken aber nicht mehr anziehend, da es dazu der</u> **<u>Anheftung an ein „ordnendes Raum-Quant" (Achse, Neutrino)</u>** <u>bedarf.</u>
Erst wenn die Gravitonen abgetrennt sind, kann sich
    - der Raum ausdehnen,
    - damit die Temperatur fallen und
die Gravitonen sich an die aus der Strahlung wieder entstehenden Teilchen anheften, mit denen verschmelzen und ihnen damit die Eigenschaft Gravitation übertragen. Solange nur wenige Teilchen dafür zur Verfügung stehen, kann der Raum sich ausdehnen, ohne stark gebremst zu werden.

Weiter von der SE entfernt wird diese Ausdehnung durch zunehmende Gravitation gebremst, der Raum gekrümmt, bis sich ein breiter Strom von Gravitationsbahnen ergibt, welcher durch das Gleichgewicht von Zentrifugalkraft und Gravitation auf der Kreisbahn stabil gehalten wird. Man sollte in diesem Zusammenhang nicht ganz vergessen, dass es zu jedem Teilchen ein Antiteilchen gibt.

Gibt es das Graviton, so muss es auch ein Anti-Graviton geben!? Geht man einen Gedanken weiter, so ergibt sich die Frage, ob denn dieses Teilchenpaar sich entweder
- gegenseitig neutralisiert, somit keine aktive Eigenschaft mehr aufweist und nicht mehr interagiert (zum Graviton- Neutrino wird??)
- oder ob sie ähnlich den Quark- Triplets im Dreier- Verbund existieren könnten, wobei dann
- 2 Gravitonen plus 1 Antigraviton eine „zusammenhaltende Wirkung" und
- 1 Graviton plus 2 Antigravitonen eine „auseinandertreibende Wirkung" entfalten könnten?

Die „**dunkle Energie"**, die neuerdings oft im Zusammenhang mit dunkler Materie erwähnt wird, soll angeblich
Materie „auseinander treiben"!?.
Da lobe ich mir doch meinen **„Autoreifen- Effckt"**, der durch Berührung zweier im entgegen gesetzten Sinne sich drehender Bahnen/Objekte entsteht.

Die symmetrisch beiderseits der Achse des 2-D -Torus-Querschnitts vorhandenen Bahnen erzeugen den Effekt des Auseinander-Treibens ohne geheime Kräfte.
Die Bahnen „bügeln nur die Abplattung wieder aus", welche sie exakt in der Achse erfahren haben, womit sie sowohl zur Bildung dieser Achse wie zur „Expansion" beitragen!
Von Stärke und Dauer dieses Schubes hängt die neue Richtung ab, die natürlich gespiegelt zur Richtung vor dem Erreichen der Symmetrie- Ebene sein muss (Einfallswinkel gleich Ausfallswinkel).

Mit dunkler Materie hat das nichts zu tun!
Kehren die **Gravitonen** beim Erkalten unter die Schwellentemperatur zurück und - weil das ihrer zusammenhaltenden Wirkung entspricht – binden sich an die aus der Strahlung entstehenden Masse-Teilchen?
Höchst wahrscheinlich ist das so!
Und was machen die „**Anti**"- **Gravitonen**?
Ihrer typischen „auseinander- treibenden" Wirkung könnte entsprechen, dass sie schnell aus dem heißesten Inneren des Kerns entweichen und sich im Raum verteilen.
Sind sie vielleicht typisch für den ansonsten leeren Raum, das Innere des Ballonhäutchens im Standardmodell, - an das ich nicht glaube??
Oder sind diese Anti- Gravitonen nur umgepolte Gravitonen, deren Pole sich nicht anziehen, sondern abstoßen wie zwei gleiche Pole zweier Stabmagneten??

Die Masse dieser kleinsten Teilchen macht einen
wesentlichen Teil der Gesamtmasse des Universums aus,
wobei man hauptsächlich Neutrinos und Photonen „im
Blick" hat.
Warum sollten Gravitonen, welche einen Wirt gefunden
haben und die Anti-Gravitonen, welche „sich von der
Materie fern halten", sich nicht gegenseitig anziehen
wie entgegen gesetzte Pole eines Magneten?
**„Negative Gravitation" ist weder zu entdecken –
noch notwendig oder nachweisbar!**

**Zur 1- , 2- und 3- dimensionalen Struktur der
Quark-Singles und -Triplets, Tetraeder
sowie zur Graviton – Neutrino-Bindung
(Siehe auch S.192)**
Was ist ein „Quark"??   (Eselsbrücke:)
„**Q**uant der **u**niversell- **a**tomaren **R**aum-**K**raft"

Quarks spielen eine wichtige Rolle bei der Erforschung
atomarer Teilchen und deren Beziehungen untereinander
sowie zu den Wellen.
Quarks „scheinen" nur als **Triplets** vorzukommen,
bestehen also aus je drei **Singles**.
Nicht ganz, weil ein Single als Kante zu mehreren
Triplets - gleichseitigen Dreiecken - gehören kann und
- noch sparsamer im Tetraeder -verbaut wird.

<u>Den Hintergrund der Tatsache wollen wir beleuchten</u>:
Größere <u>Körper aus **Würfeln**</u> zu erzeugen, die nur aus gleichen Kanten bestehen, ist ökonomisch, da keine Zwischenräume (Voids) entstehen.
Dieser Körper ist aber nicht stabil! Er lässt sich leicht bis auf die Ebene der Grundfläche zusammendrücken.
<u>Kugeln</u> sind zu diesem Zweck wegen unvermeidbarer Zwischenräume nicht geeignet. Deren „würfelförmige" Anordnung ist instabil und verschenkt viel Raum.
Die „dichte" Packung ist stabiler und rationeller, aber nicht perfekt.
<u>Die Natur sucht (und findet) immer die beste Lösung!</u>
<u>Die muss **einfach, ökonomisch und stabil** sein.</u>
Welches System hat die Natur sich ausgesucht?
Einen <u>Raum</u>, der aus stabilen Fläche konstruiert ist,
aus <u>gleichseitigen Dreiecken</u>:

<u>Der Tetraeder,</u>

der keinen Raum ungenutzt lässt und sehr stabil ist!
Dessen sechs <u>Kanten verbinden</u> (im <u>einzelnen</u> Tetraeder) <u>jeweils zwei</u> der vier <u>Flächen</u>. Da es sich bei jeder dieser Kanten um e i n e n Dipol handelt, der <u>nur an den Polen</u> <u>wesentliche Aktivität zu den Nachbar-Dipolen</u> entfaltet, (Anziehung, Abstoßung),kann die stabilisierende Wirkung <u>entlang</u> der Kante <u>zwischen</u> den Nachbarflächen nicht groß sein.

Sie ist <u>nicht vorhanden</u>, denn es geht ja bei dieser
Grenzlinie zwischen den Dreiecken **nicht um zwei**
parallele Dipol-Singles (eines zu jeder Fläche gehörend) ,
sondern <u>nur um</u> **ein Single-Quark, das als Teil**
<u>mehrerer Dreiecke und Tetraeder</u> anzusehen ist.
Selbst, wenn es zwei parallele Singles wären, würde die
Anziehung zwischen diesen beiden kaum existieren, weil
sie ja nicht senkrecht zum Verlauf der Länge wirkt.
(Siehe zum Vergleich den Stabmagneten)
Diese Konstruktion ist sowohl

- „**<u>ökonomischer</u>**" im Verbrauch des Baumaterials,
  da eine <u>Kante</u> des Dreiecks aus **einem Single** besteht,
  <u>das zu sechs Dreiecken gehört</u>:
    - **zwei** davon in der „Grundfläche",
    - **zwei** zu den davon schräg nach oben gehenden und
    - **zwei** zu den schräg nach unten gehenden Dreiecken
- **<u>als auch stabiler</u>** für jede aus Tetraedern erstellte
  Konstruktion, denn ein **<u>einzelnes Single aus dem</u>**
  <u>Verbund heraus zu reißen, bedarf sicher</u>
  <u>h o h e r E n e r g i e</u>, da <u>jeder</u> seiner <u>zwei Pole</u>
  (in den zugehörigen Spitzen des Tetraeders)
  mit <u>**siebzehn weiteren Single-Polen verbunden ist**</u>:
    - je **<u>fünf</u>** davon gehören zu den Singles der
      angrenzenden Dreiecke der „Grundfläche",
    - **<u>sechs</u>** zu den schräg nach oben gehenden und
    - **<u>sechs</u>** zu den schräg nach unten gehenden
      Dreiecken bzw. Singles.

Diese Energie ist dort gegeben, wo die bei zunehmender Zerstrahlung der Materie (noch) nicht betroffenen Teilchen (Neutrinos) aufgrund der höchst möglichen (!) Schwellentemperatur jede Eigenschaft verlieren, die mit ihrer Masse-Natur zusammen hängt.

Dort, in nächster Nähe zur Symmetrie-Ebene, im Kern des Universums, herrscht eine Temperatur von **über 10^{12} K** und (nach Weinberg) und „alle Teilchen verhalten sich wie verschiedene Arten von Strahlung!"
Diese sehr hohe Temperatur bedeutet sehr hohe Frequenz und da ist die Auflösung aller Bindungen verständlich!

Hier verliert die <u>Achse des Quark-Singles</u>, das Neutrino (Quant der 1-D -Masse-Dimension) dann auch die Eigenschaft „Gravitation" durch die Abtrennung des Gravitons, des Quants dieser Eigenschaft.
Damit hat das Neutrino keinerlei Bindung mehr zu seinen Artgenossen. Die Tetraeder, die Quark-Triplets (Dreiecke) und die Singles (Kanten) zerfallen.
Es bestehen nur noch freie

- **Gravitonen (ohne Wirkung,** da diese an die <u>Existenz eines Wirtes aus Materie gebunden ist)</u> und
- **Neutrinos** - eben diese Wirte - auch sie ohne Eigenschaft, da ihnen die Gravitonen fehlen.

Es gibt keine <u>verschiedenen Arten von Neutrinos!</u>
Es existieren nur solche, die **nahe an** der Symmetrie-Ebene (SE) sind und andere, welche (noch oder schon wieder) **weiter davon entfernt sind.**

Das ergibt **unterschiedliche <u>Mischungsverhältnisse</u>** **<u>hinsichtlich der</u> durchschnittlichen Gravitation von größeren „Schwärmen" von Neutrinos,** die man an verschiedenen **Orten** antreffen kann!
Je näher ein Schwarm der SE ist, desto geringer die spezifische Gravitation, da der <u>Grad der</u> <u>Ablösung der Gravitonen mit dem Grad</u> <u>der Annäherung</u> <u>an die SE</u> <u>zunimmt.</u>

<u>Ein Graviton plus ein Neutrino ergibt ein</u>
<u>Quark-Single</u>.

Dezimalwerte gibt es auf der Ebene der Quanten nur bei der Betrachtung größerer Mengen von Teilchen, die teils aus Masse **m i t** Graviton bestehen, teils letzteres hier (am Ort, näher an der SE!) schon verloren haben.
Im **Querschnitt** durch den Torus (Skizze weiter unten) sehen wir einige der dicht gepackten Gravitationsbahnen.
<u>Gäbe es nur eine einzige solche Bahn und sonst nichts im</u> <u>Universum,</u> wäre kein Grund vorhanden, warum die Bahn gekrümmt sein sollte.
Sie könnte aus unendlich vielen minimalen, linearen, miteinander (an den Polen ihrer „Elemente", der Neutrinos) verbundenen **Longitudinalwellen** bestehen.
Diese „lange Gerade" ähnelt <u>einem</u> Radius des expandierenden kugelförmigen Urknall-Universums. Sie hat nur die Dimension „Länge", weil ihre Bestandteile - die **Longitudinal**wellen - keine Breite aufweisen.
Dies sind die unmittelbar an der SE auftretenden <u>gravitationslosen</u> <u>Neutrinos.</u>

Fügen wir einem Neutrino an jedem Ende ein <u>Graviton</u> hinzu (das wir als minimalen **Wirbel** an den Polen des Neutrinos sehen), **wird aus dem Neutrino ein <u>Single-Quark mit Gravitation und mit zweiter und dritter</u> Dimension (den Radien dieses Wirbels).**

Von den **<u>Elektronen, die um den Atomkern kreisen</u>**, weiß man, dass dies keine exakt zu lokalisierenden Teilchen auf einer oder mehreren Kreisbahnen sind, sondern eher kleine „Wölkchen", also Felder.
Die Felder sind sicher keine platten, 2-dimensionalen Elemente, sondern sie haben eine <u>dritte Dimension</u>, den Radius bzw. den <u>Durchmesser einer Kugel</u>.
Die Kugeloberfläche **kann weder stabil sein <u>noch total von dem „Wölkchen" Elektron bedeckt</u>.**
Sonst wäre es ein starres System mit zahlreichen ebenso starren Umlaufbahnen, was jede Schwingung, Strahlung, Wirkung verhindern würde.
Sollte das Elektron etwa in Teilen auftreten??
Selbst wenn das denkbar wäre:
Der genaue Ort eines <u>Teils des Elektrons</u> ist ebenso wenig anzugeben wie der des ganzen Elektrons. Er kann - zeitweise - vom Zentrum des Atoms aus gesehen in Richtung auf das Zentrum des Nachbar-Atoms liegen, auf der **Achse von Kern zu Kern**.
Wenn ein **Graviton** sich ähnlich verhält wie das erwähnte Elektron, wenn es wie das Elektron und andere Objekte

des elektromagnetischen Spektrums, etwa das Photon ein „Wölkchen" mit drei Dimensionen ist und wenn jeweils eines davon an einem Ende (Pol) eines Neutrinos andockt, dann besitzt das bisher gravitationslose und eindimensionale **Neutrino, welches eine minimale Longitudinalwelle ist, nun an jedem seiner zwei Pole ein Kügelchen / Wölkchen, welches ein Graviton ist.**
Also kann der **Radius eines solchen Kügelchens** nicht größer sein als die **halbe Länge des Neutrinos**, weil ja an dessen zweitem Pol ein weiteres Kügelchen angedockt hat, dessen Radius auch auf dem Neutrino Platz finden muss.
Das hört sich an, als hätte **ein** Neutrino **zwei** Gravitonen.
Das wäre ja der Gegenbeweis zur Aussage:
Ein Graviton plus **ein** Neutrino ergeben zusammen das minimale Materie-Element mit Gravitation: Single-Quark.
So, wie **ein Single- Quark als Kante eines Tetraeders zu zweien von dessen Flächen gehört** (und zu den angrenzenden Flächen der Nachbar-Tetraeder auch) **gehört ein Graviton** (-Wirbel, -Kügelchen) auch zu zwei Neutrinos, die es verbindet.
Diese Einheit (Neutrino plus Graviton) ergibt ein Single-Quark! Es spielt die Rolle des „Gluons", das nicht mehr benötigt wird!
Ein **Graviton** tritt also nicht als „Ganzes pro Neutrino" auf, sondern **in zwei Hälften an den zwei Enden zweier Neutrinos.** Die jeweils zweite Hälfte betrachten wir dann als Teil des Nachbar-Neutrinos.

Ein **<u>Graviton</u> ist das <u>Binde-Element</u> zwischen zwei Neutrinos.**

Das Wölkchen Graviton rotiert um eine Achse, hat einen Durchmesser, der je zur Hälfte auf zwei Nachbar-Neutrinos liegt, die nur minimale Längeneinheiten sind.

Es ist also **<u>gerichtet und hat zwei Pole</u>**, die zusammen mit denen der Nachbar-Gravitonen eine Longitudinalwelle darstellen. Je nach Temperatur / Frequenz kann diese nun mit <u>Gravitation versehene Längeneinheit</u> **sehr lang** sein (geringere Temperatur bedeutet längere Welle!) oder bei **<u>sehr hoher Frequenz</u>** bis auf kleinere und **kleinste Elemente zerstört werden.**

Die Verbindung zweier Neutrinos durch ein „Kügelchen" wirkt wie ein Gummiband, dargestellt durch die Achse der Neutrinos:
- **Verlängerung, wenn Platz da ist** und keine Kraft das verhindert,
- **Verkürzung, Zerbrechen, wenn der Platz enger wird!**
   Typisch <u>Longitudinalwelle</u>!
Beispiel: Expansion / Kontraktion im Standard-Modell!

Das <u>Graviton</u> ist als das minimale **<u>dreidimensionale</u> Kraftfeld (" <u>Gravitations-Wirbel</u>")** anzunehmen.
Sein Wirt, das <u>Neutrino</u> ist das <u>minimale</u> eindimesio- nale, lineare Element, die **" A c h s e"**, um deren Enden /Pole, **-unterhalb der Schwellentemperatur -** das **Graviton „wirbelt".**
Rein rechnerisch je ein halbes Graviton an jedem Pol, in der Realität natürlich ein ganzes, **welches anteilig je zur Hälfte zu beiden Neutrinos gehört, die es verbindet!**
<u>So geht Gravitation!!</u>
Stabmagnet und seine Minimal-Magneten lassen grüßen!

Was hat man sich unter einem minimalen <u>eindimen- sionalen</u> Element in der Umgebung vorzustellen, die nur aus Strahlung (Wellen) besteht??
Eine <u>Longitudinal-Welle</u>!
Genau so, wie die *magnetischen* **Kraftlinien des Stabmagneten im 2-D-Schnitt <u>durch</u> den festen Kern und das Feld laufen, aber <u>nicht</u> um dessen Achse „kreisen", <u>sind</u> <u>die</u> Kraftlinien des** *Gravitationsfeldes* **im Torus um die Achse des Kerns herum <u>vorhanden</u>,**
da sie <u>aus einem Pol des Kerns in alle Richtungen (des 360 Grad-Kreises)</u> mit unterschiedlichen Bahnradien <u>heraustreten</u> (wie Wasser aus der Fontäne oder dem Rasensprenger) , **rotieren aber n i c h t um die Achse des Torus, sondern nur um die** Mittelpunkte ihrer Kreisbahn, die im 2-D-Querschnitt alle auf den Radien in

der SE liegen – und zwar jeder Mittelpunkt um einen Radius seiner Bahn von der Achse des Kerns entfernt.

(Siehe auch Erdmagnetfeld!)

Im Moment des **Durchganges der Strahlung durch die Symmetrie-Ebene hat die Gravitation „Pause", bis die abnehmende Temperatur die Anlagerung der Wirbel an die Pole der Achse wieder zulässt.**

Wir hatten die Länge des Kerns auf Null gesetzt, weil er im Verhältnis zur Ausdehnung des Feldes verschwindend kurz ist.

Das <u>Zentrum der SE</u> gehört daher
  - auf der einen Seite zum Zerstrahlungs- ,
  - auf der anderen zu Materialisierungs-Pol !
 Diese beiden innersten Bereiche des Kerns zusammen <u>ersetzen die Singularität</u> – ohne logischen Bruch!

Das durchgängige <u>Prinzip</u> ¯ <u>die Form des TORUS</u> - ist vom <u>Graviton, Neutrino, Quark, Erdmagnetfeld</u> <u>.. bis zum Universum gewahrt!</u>

Die Komponenten des Raumes: 1-D-Gerade, 2-D-Fläche und damit auch der 3-D- Raum insgesamt sind alle gekrümmt und stabil!

Damit ist das Universum durch die
  - äußersten Umlauf- / Gravitationsbahnen im 2-D – Querschnitt
  - bzw. die äußeren Bahnen im 3-D-Torus begrenzt.
<u>Es kann keine Energie verloren gehen!</u>

<u>Zurück zu den Dreiecken, Tetraedern und Quarks !</u>

Aus den stabilen <u>**zweidimensionalen Dreiecken**</u>
<u>(siehe weiter oben)</u> können durch das Anfügen
je zweier weiterer Single- Quarks an den Kanten des
ersten Dreiecks leicht weitere Dreiecke erzeugt werden.
Diese neuen **Dreiecke „<u>klappt man hoch</u>"** und erhält
einen weiteren Tetraeder.

Die **Spitzen** der auf der <u>Grundfläche</u> sitzenden Tetraeder
„verbindet" man durch weitere Singles und es entsteht
eine zweite, dritte und weitere <u>Grundflächen</u>, die dem
<u>Ganzen noch mehr Stabilität</u> verleihen.

Außerdem werden so die Lücken zwischen den aufrecht
stehenden Tetraedern der ersten Schicht durch die neue
Grundfläche der „Kopf stehenden" Tetraeder vollständig
genutzt, wodurch der Raum noch stabiler wird.
Mit dieser Methode lassen sich aus den Tetraedern
besonders gut Verpackungs-Formen („Tetrapack") und
Sechsecke herstellen.
Die Industrie nutzt das ebenso zum Bau leichter, stabiler
Elemente. Die Bienen haben das schon früh entdeckt
(Learning by Doing!) und bauen ihre Waben sechseckig:
stabil, ökologisch, keine Zwischenräume!
Hübscher, aber weniger stabil sind diese Konstruktionen
mit 60-Grad-Winkel in Tausenden Variationen von
Schneeflocken verwirklicht.

Unter anderem daran erkennt man, dass sich Dreiecke und Tetraeder für eine unendliche Vielfalt von Formen und Größen „aus sich heraus" entwickeln können und müssen! Andere Ansätze scheitern aufgrund fehlender Stabilität, zerfallen in Quark-Singles und werden „recycelt"!

Was sind Single-Quarks? Kleinste Dipole, lineare Elemente, die einen Spin haben und Gravitation! Zu einzelnen „Arten"(Flavours: up, down, strange, bottom, top, charm) will ich mich hier nicht äußern.

Klar muss sein, dass - wie bei Stabmagneten - jeweils ein **Pol jedes Dipols e i n e   t y p i s c h e Eigenschaft aufweist, der Gegenpol die gleiche, aber mit entgegen gerichteter („negativer") Wirkung.**

Was macht das Prinzip „Triplet" so erfolgreich, dass es keine „freien Singles" gibt? **In den Ecken e i n e s Triplet-Dreiecks der Grundfläche treffen sechs Singles der Flächen-Nachbarn zusammen.** Wir hatten die Spitzen der durch „Hochklappen" entstandenen Nachbar- Tetraeder durch Singles verbunden zur Grundfläche zweier Schichten von Tetraedern: die einen stehen Kopf (Spitze nach unten) und füllen so die Lücken zwischen den Tetraedern der untersten Schicht. Die anderen sitzen auf den oben liegenden Grundflächen der „Kopf stehenden" Schicht.

**Alle Neutrinos sind unter gleichen Bedingungen gleich
lang. Die daraus entstandenen Dreiecke sind identisch
- wie auch die Tetraeder.**

Erzeugt man **weitere Schichten** auf die gleiche Art, so
passen diese - gegenüber der ersten abwechselnd hin
und her verschoben - genau in die Lücken der darunter
und darüber liegenden Schichten.

Ein guter Grund für die Nutzung der Tetraeder als Bau-
Elemente **!**

**Der Unterschied hinsichtlich Eignung als Standard-
Bauteil liegt in den** bei **Kugeln vorhandenen
Zwischenräumen, „verschwendetem" Raum.**

**Tetraeder sind besser geeignet und leicht herzustellen,
da sie nur aus kleineren Geraden, Singles bestehen,
die sich aufgrund ihrer Pole (siehe Magnet!) selber
zusammenfügen!**

Jede Kante dieser Tetraeder ist ein Quark-Single.

Wenn es sich aber um **Quark-Singles** handelt, die an den
Polen ihrer Längsachse **Graviton-Kugeln** aufweisen,
welche die Singles verbinden, dann kommt es tatsächlich
dazu, dass eine dichte **Kugel**packung entsteht.

**In jeder oberen Spitze eines auf der untersten Grund-
Fläche aufrecht stehenden Tetraeders treffen sich:**

- **drei (Seiten-) Kanten dieses Tetraeders der
  untersten Schicht plus**

- **drei (Seiten-) Kanten** der Spitze des darüber „Kopf
  stehenden" Tetraeders der zweiten Schicht plus

162

**- <u>sechs Kanten</u>, welche die <u>sechs Spitzen</u> der umliegen-
den Tetraeder der untersten Schicht verbinden und
damit die Grundfläche der zweiten Schicht bilden.**
Das ist eine sehr <u>stabile</u> Konstruktion!
Sie ist Raum- füllend, einfach und leicht zu erweitern!
Es „wimmelt" ja vor lauter Singles, aus denen Dreiecke
erzeugt werden können - und daraus weitere Tetraeder:
Es entsteht eine zweite, dritte Schicht, die dem <u>Ganzen</u>
<u>noch mehr Stabilität</u> verleiht. Wieso das ?
Im <u>einzelnen</u> **Dreieck** (2-D) treffen sich in jeder Spitze
zwei Singles mit je einem **„Kopf" - Pol** und einem Single
mit „Fuß" - Pol, was eine feste Verbindung ergibt.
Stabil kann die Dreieck-Ebene nur sein, wenn Paare
ungleicher Pole sich in jeder Ecke anziehen und vereinen.
Diese Singles (Kanten) schließen einen Winkel von 60
Grad ein, was die Grundbedingung für ein regelmäßiges,
gleichseitiges Dreiecks ist.
Da dies für alle diese Dreiecke zutrifft, kann man sie
„endlos" in der Ebene zusammenfügen, was zunächst
mit sechs Stück zu einem Sechseck (Grundfläche der
Bienenwabe) führt.
Alle zu einer 3-D-Spitze „hochgeklappten Dreiecke" und
Verbindungs- Singles zwischen den Spitzen ergeben
problemlos die nächste Fläche!
Um **die Spitzen** herum bestehen <u>sechs Verbindungen</u> zu
Nachbar-Spitzen dieser Ebene, was ja bei dem Winkel
von 360 Grad in der Ebene rund herum und dem 60-Grad-
Innenwinkel der sechs Dreiecke klar ist.

Die ganze Konstruktion kann man um 60 Grad in alle
möglichen Richtungen drehen - und weiterbauen, ohne
die Stabilität zu gefährden!
Beim Bau dieser Tetraeder-Schichten haben wir nur
Neutrinos mit angedocktem Graviton verwendet,
also **Single-Quarks**.
Aus welchen chemischen Verbindungen, Molekülen,
Atomen, Protonen, Neutronen diese Neutrinos stammen,
spielt keine Rolle.
Auf dieser untersten Ebene der Teilchen gibt es nur
einheitliche Elemente.

Die Entwicklung der „Bausteine" im Zuge der „Expansion"

Jedes Quark-Single ist
  - **eine Achse mit zwei Polen (das „Neutrino")**
  - **plus ein Graviton, das in Form zweier „halber"
    Gravitonen an den Polen angesiedelt ist und mit
    den passenden „halben" Nachbar-Gravitonen
    die Neutrinos verbindet.**

Das Prinzip der Konstruktion haben wir beschrieben,
ohne auf Temperaturen zu sprechen zu kommen.
Wie die Elementar-Magneten in einer glühend heißen
Schmelze von einem starken elektromagnetischen
Feld (Blitz) gleichgerichtet werden und bleiben, während
sie abkühlen und damit unbeweglich werden, so geschieht

es mit den Neutrinos, nachdem sie unter die Schwellen-Temperatur der Gravitonen- Abtrennung „abgekühlt" sind: Hat sich erst einmal ein Paar Quark-Singles mit passend gepolten Enden zusammengetan, geht der <u>Prozess beschleunigt weiter</u>, weil die „Spannung" dieses in Linie geschalteten Paares sich verdoppelt, wie die elektrische Spannung zweier Batterien sich verdoppeln würde.
Damit wird dies Paar das „Stärkste" seiner unmittelbaren Umgebung und es zieht weitere Singles erfolgreicher an als ein anderes Single.
Bald kommt es aber dazu, dass auch weitere Paare erfolgreich sind und das sind dann im Magnetismus die magnetisierten Bezirke, die sich bei weiterhin günstigen Bedingungen (Bewegungs-Möglichkeit durch Schmelze) zu immer größeren Einheit verbinden können.
Ich hoffe, nicht zu viele Worte gemacht zu haben.
Meine Absicht war und ist es, auch die kleinen, aber sehr wichtigen **Zwischenschritte beim Bau des Systems** verständlich zu machen, denn sie sind des „Pudels Kern" und um den Kern geht es ja hier!

<u>Wenden wir uns dem anderen „Ende" des Kreislaufes zu, dem Stadium des Zerfalles zunächst der Atome, dann der Protonen und Neutronen und schließlich der Quarks</u> .
Da der Beginn des Aufbaus von Strukturen ja ausführlich behandelt wurde und eine der Forderungen an das Modell des Universums die <u>Symmetrie</u> ist, können wir mit

Sicherheit davon ausgehen, dass die **Zustände und Prozesse des Zerfalls im Kern des Torus-Universums** tatsächlich **spiegelbildlich zum Aufbau** ablaufen. **Weinbergs „Rückwärts-Rechnung"** vom Zustand des Universums entlang der Zeitachse, mit Halbierung der Radien des kugelförmigen Urknall-Universums und entsprechender Zunahme der Temperatur /Energiedichte im „kleiner werdenden Raum" enthält schon wesentliche Elemente der Endphase von Umlaufbahnen im Gravitationsfeld-Dipol-Modell.

Ebenso, wie Weinberg seine Berechnung von Raum und Temperatur abbricht, wo er den Radius des expandierenden Universums mit $0{,}7 \times 10^6$ Lichtjahren und die Temperatur mit 10^{12} K angibt, hätte er das für ein Universum tun müssen,
dessen „Expansion und Kontraktion" **nicht** auf identischen Bahnen im gleichen Raum, der Kugel verlaufen, sondern - wie in meinem Modell - in der zweiten, symmetrischen „Kontraktions"- Hälfte des Torus. Das erlaubt mir, die **Achse des Torus** mit etwa **$2 \times 0{,}7$mal 10^6 LJ** anzugeben, dem Wert, der aus der **Abplattung** der Umlaufbahnen im Kern resultiert. Die Entwicklung der Bausteine von Atomen während der **„Expansion"** geht über die Schritte

1-D :   <u>masseloses</u> <u>Neutrino</u> plus <u>wirkungsloses</u> Graviton
werden zu <u>Quark-Single mit Gravitation</u>;
weiter zu

2-D :   **Quark-Singles bilden gleichseitige <u>Dreiecke</u>,**
treten nur als Triplets auf; und zu

3-D :   **Quark-Triples bilden Tetraeder,**
die stabilste Form der Bausteine
für „größere" subatomare Teilchen.

Bei der „Kontraktion" läuft der Vorgang rückwärts.
„Expansion" und „Kontraktion" finden bei <u>Umlaufbahnen</u>
im GDU ebenso wenig statt wie im gesamten Universum!
<u>Die Objekte geraten aber in mehr oder weniger dicht</u>
<u>mit Bahnen besetzter Zonen im stabilen Raum.</u>
Diese Abläufe beiderseits der Symmetrie-Ebene sind nach-
vollziehbar, bedürfen aber sicher zusätzlicher Argumente
zur Unterstützung.

Einige Anregungen stelle ich hier als Wegweiser vor:
Bei Annäherung an die SE zerfallen nacheinander die
Strukturen. Zunächst Moleküle, dann Atome (erst die
„Schalen" mit den Elektronen, dann die Kerne.
Soweit ist die Sache erforscht und wird in der Technologie
angewandt, zur Energie-Gewinnung oder als Waffe.
Wir wollen aber die Vorgänge erklären, welche **vor** und
sehr nahe **hinte**r der Symmetrie-Ebene geschehen, die
rätselhafte „**Singularität**".

2-D- Querschnitt durch das <u>Größte</u>, was existiert: das Universum. Zahlreiche Kreisbahnen bilden einen Strom, der die Flächen füllt. <u>Durch deren Rotation um die Achse ergibt sich ein 3-D-Torus.</u>

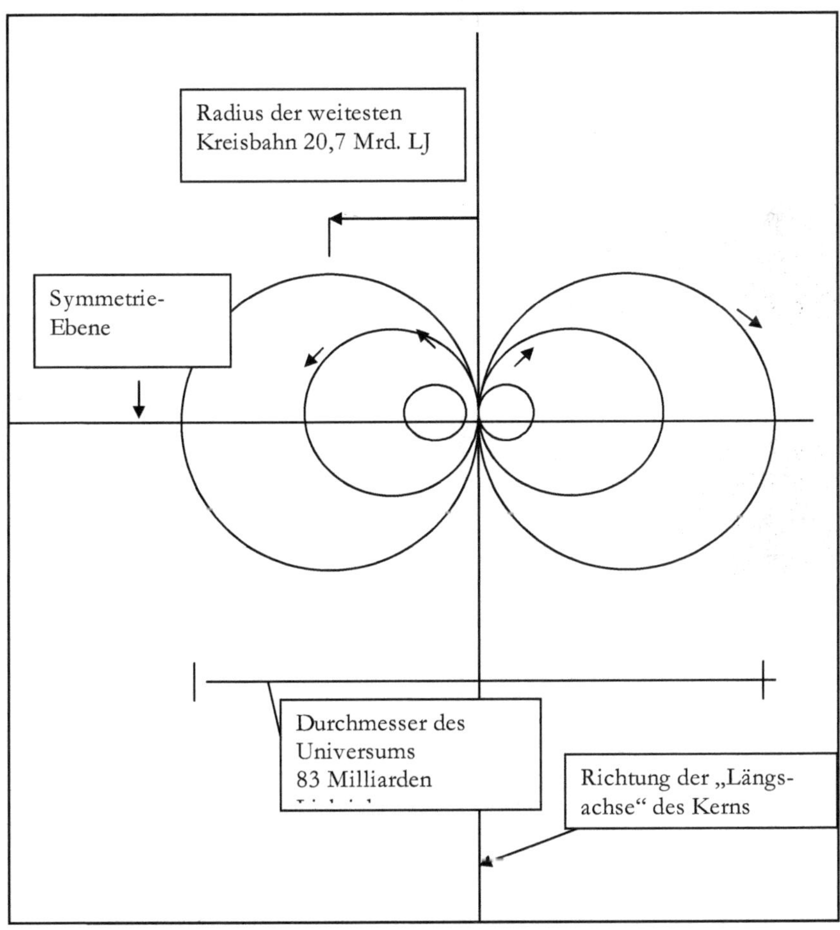

Querschnitt durch das <u>Kleinste</u>, das Atom. Elektronen- „Schalen" (-Bahnen) in Torus – Anordnung.

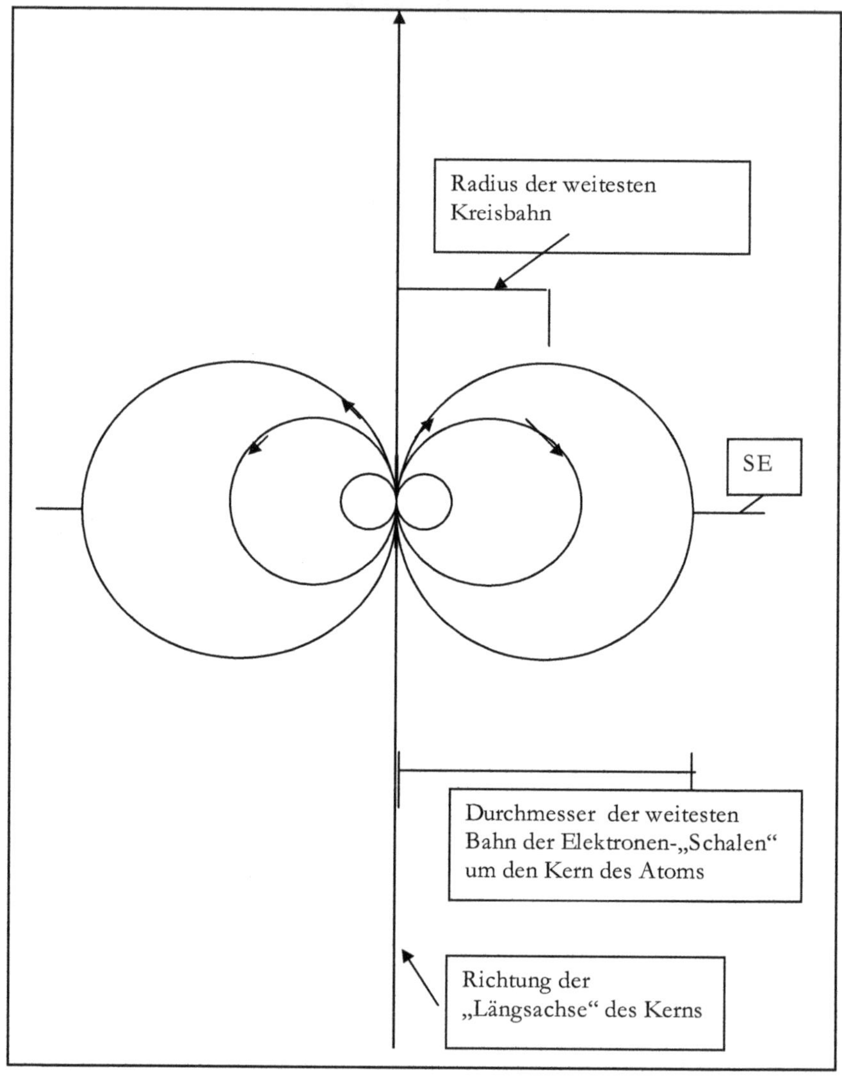

Ein Versehen?? Die gleiche Skizze noch einmal ? Nein !
Diese Skizze zeigt den **kleinsten denkbaren Torus** :
Den **Querschnitt durch ein Atom** !
Die Bahnen wurden um die Achse rotiert.
**Tatsächlich treffen sich die auf ihnen <u>umlaufenden</u>
<u>Objekte</u> im Zentrum mit <u>gleicher</u> <u>Flugrichtung</u>.**

Es kommt **<u>nicht zur Zerstörung</u>,** sondern zu einer
„Abplattung" beider <u>Bahnen</u> (- Pakete).
Solange wir bei der Betrachtung **einer** solchen Welle,
eines Teilchens auf **einer Kreisbahn bleiben,** ist dem
nicht mehr viel hinzu zu fügen.
Nur die Feststellung, dass es natürlich größerer Energie
bedarf, das Teilchen doppelt so oft pro Zeiteinheit auf und
ab zu bewegen, also bei halber Wellenlänge doppelt so oft,
um Lichtgeschwindigkeit zu erreichen. Die Masse bleibt
gleich, der Radius ist nur noch halb so groß.
Das Teilchen muss sich **doppelt** so schnell bewegen und
es gilt, dass die kinetische Energie dann **viermal** so hoch
ist (v^2) Bewegt sich aber dieses rotierende Mini-Objekt
auf einer Geraden vorwärts, so beschreibt ein bestimmter
Punkt auf dieser Kreisbahn eine Sinus-Kurve, eine Welle,
bei der sich der Punkt **quer zur Fortbewegung**
des Mittelpunktes mal rechts, mal links (oben/unten) vom
Mittelpunkt befindet.

Es handelt sich um eine
Transversal-Welle.
Licht - als Welle - kann in allen möglichen Ebenen
schwingen (Polarisations-Filter!).
Bei der riesigen Anzahl der Wellen in der Strahlung,
 - welche bei einer bestimmten Temperatur des
     Universums und damit
 - in etwa gleicher Entfernung vom Kern existieren
ist anzunehmen, dass die Zahl der links- und die der rechts
herum drehenden Teilchen etwa gleich groß sein dürfte.
Sind die Lichtwellen dicht gepackt, füllen sie den Raum,
berühren sich.
Gibt es, wie bei den Elektronen „Wölkchen"
(anstelle klar definierbarer Orte des Aufenthaltes) auch
bei den Photonen ? (…und Gravitonen ?).

Berühren sich zwei im **entgegen** gesetzten Sinne
drehende Photonen /Wellen, werden sie sich verhalten
wie zwei aufgeblasene Autoschläuche: sie werden **sich
nicht auslöschen**, sondern ihre Kreisbahn wird eine
leichte **Abplattung** erfahren und sie werden sich
gegenseitig abstoßen, bis sie wieder Kreisform haben.
Halten wir gedanklich ein Blatt Papier zwischen beide
Kreisbahnen, so würden die Photonen sich (wie in der
Skizze) **nach oben bewegen**, wie es Autoreifen täten, die
entweder in der Mitte an ein Brett oder nur an den jeweils
anderen Reifen stoßen.

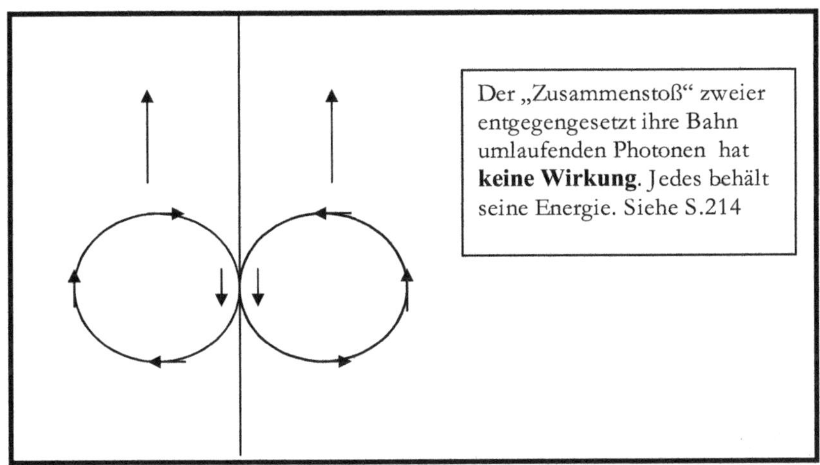

Das Beispiel mit zwei Gummireifen, die sich an einer
Stelle berühren - im **gleichen** Sinne drehend - zeigt,
dass sie an der Berührungsfläche **gegeneinander** laufen.
Die Reibung lässt sie sehr schnell verbrennen!
Laufen sie insgesamt **im entgegen gesetzten Sinne**,
fliegen sie bei größter Annäherung nebeneinander her,
mit der bei Gummireifen üblichen **„Abplattung"!**
**Handelt es sich um Strahlung - und nur die gibt es im
Kern des** GDU – so ist diese „Abplattung" ohne weiteres
mit den Gummireifen zu vergleichen!
Auch für Linien des Kraftflusses in einem Feld gilt dieses
Verhalten. Im Feld des Stabmagneten verdrängen sich die
Bahnen, wenn man gleiche Pole einander nähert, je nach
Richtung / Grad der Annäherung.

Die Pole stoßen sich ab und die Bahnen nehmen ihre
ursprüngliche Form wieder an - Ellipsen oder Fast-Kreise
- je nach Länge des „Kerns", wie oben beschrieben.
Sicher ein Analogon zu den Bahnen der Gravitation im
GDU und ein **Mosaiksteinchen , welches das Bild von
den einheitlichen Feldern unterstützt**.

Diese „**leichte Abplattung**" mit kurzem parallelem
Verlauf der betreffenden Umlaufbahnen
stellt im Maßstab des Universums dessen Achse dar.

Ebenso, wie alle Teile auf ihrer Bahn die Symmetrie -
Ebene **im Feld** auf parallelen Bahnen durchqueren,
geschieht das **im Kern**:
Wir reduzieren die Längsachse auf Null und es bleibt
nur die Symmetrie-Ebene selber, an der die Kontraktion
endet und die Expansion beginnt.
Wir wissen aber nicht genau, wie weit wir gehen dürfen.
Im Extremfalle bleibt nur die Ebene, also keine Länge
eines Zylinders.
Nun wäre die Singularität des Modells f a s t erhalten
geblieben. Die Bahnen laufen aber „nur" **bis kurz vor
der SE** aufeinander zu!
Solange wir bei der Betrachtung **einer** solchen Welle,
eines Teilchens auf **einer Kreisbahn bleiben,** ist dem
nicht mehr viel hinzu zu fügen.

Nur die Feststellung, dass es natürlich größerer Energie
bedarf, das Teilchen doppelt so oft pro Zeiteinheit auf und
ab zu bewegen, also bei halber Wellenlänge doppelt so oft,
um Lichtgeschwindigkeit zu erreichen.
Die Masse bleibt gleich, der Radius ist nur noch halb so
groß. Das Teilchen muss sich **doppelt** so schnell bewegen
und es gilt, dass die kinetische Energie dann **viermal** so
hoch ist (v-Quadrat).
Bewegt sich aber dieses rotierende Mini-Objekt auf einer
Geraden vorwärts, so beschreibt ein bestimmter Punkt auf
dieser Kreisbahn eine Sinus-Kurve, eine Welle, bei der
sich der Punkt **quer zur Fortbewegung** des Mittel-
Punktes mal rechts, mal links (oben/unten) vom letzterem
befindet. Es handelt sich um eine **Transversal-Welle.**

**Eine <u>Hundertstel Sekunde nach dem Durchgang durch</u>
<u>die SE</u>** herrschen „nur noch 10^{11} Grad, weit <u>unter der</u>
<u>Schwellentemperatur</u> der Pi-Mesonen, Myonen und aller
schwereren Teilchen" (Weinberg).
Über dieser Schwellentemperatur gilt aber:
„Auch die Photonen und Neutrinos verhalten sich so,
als wären sie unterschiedliche Arten von Strahlung."

Ist Ihnen aufgefallen, dass **alle** Objekte in den weiter oben
stehenden Figuren im **gleichen** <u>Sinne</u> - aus dem MatPol,
durch das Feld und in den DesPol auf Bahnen kreisen?
Das bedeutet, dass sowohl die **Bahnen** selbst wie auch
die **Objekte alle gleichgerichtet** sein müssen.

Diese <u>Gleichrichtung</u> zieht sich durch alle Größenordnungen des Universums, beginnend mit den Gravitonen auf den Neutrinos, dann der Polung der Mini-Magneten, des Magnetfeldes der Erde, des Umlaufs der Planeten, der Sonnen in Galaxien. **Polung und Gleichrichtung sind die Voraussetzung für Stabilität** !

Wäre das anders, würde sich die „Mehrheit durchsetzen", die Minderheit würde zerstrahlt werden und der sich ergebende „Rest" würde die Umlaufrichtung bestimmen – ebenso wie in dem Chaos aus Materie und Antimaterie kurz nach dem Urknall, aus dem am Ende ein wenig Materie übrig blieb, woraus unsere Welt entstand (frei nach Weinberg). Vom Kern bis zu dem von der Achse am <u>weitesten entfernten Punkt</u> **unserer Bahn**, der ebenso wie im Standard-Universum für diese Bahn die Umkehr von der Expansion zur Kontraktion markiert (hier den Durchgang durch die SE) sind es ca.40 Mrd. LJ. Andere Bahnen gehen an anderer Stelle durch die Symmetrie-Ebene. Alle diese Punkte zusammen ergeben auf der **SE die Gerade** auf welcher die Mittelpunkte der Kreis-Bahnen liegen.

Angenommen, die Objekte bewegen sich mit gleicher Geschwindigkeit auf ihren Bahnen, dann macht das im Standard -Universum angegebene Alter von

13,8 Mrd. Jahren <u>38 Grad „unserer" mittleren Kreisbahn</u> im Gravitations-Dipol-Universum aus.

Auf einer **äußeren Bahn** mit doppeltem Radius bewegt sich ein Objekt aber in dieser Zeit nur um **19 Grad** Bogen. Hat das Objekt auf mittlerer Bahn den am weitesten entfernten Punkt (nach **180 Grad**, in der SE) erreicht, ist das auf der äußeren Bahn erst bei **90 Grad** angekommen. Zum „Auseinanderstreben der Bahnen" käme die **höhere**

Winkelgeschwindigkeit der Objekte auf weiter innen verlaufenden Bahnen als Faktor hinzu, welcher die Rotverschiebung (RV) bewirkt bzw. verstärkt.
Da aber das GD-Universum kein Ballonhäutchen ist und auch nicht 13,8 Mrd. Jahre alt, sondern immer schon existierte (Steady State) und den dreidimensionalen Raum total erfüllt, sind immer irgendwelche Objekte auf den „äußeren" Bahnen relativ nahe unserer Umgebung, auch wenn ein gleichzeitig mit uns aus dem Pol ausgetretenes Objekt wegen geringerer Winkelgeschwindigkeit weit „zurück geblieben" ist. Es ist müßig, sich darüber Gedanken zu machen, ob ein Objekt sich auf einer äußeren Bahn und auf welcher bewegt, denn wir können ja nur die Momentaufnahme machen.
In unserer Hälfte des Universums wird sich stets RV zeigen. Welcher Anteil davon auf das Konto des
- **„Zurückbleibens" wegen geringerer Winkelgeschwindigkeit geht und welcher auf Grund des**
- **„Alters" und des damit zusammen hängenden „Auseinanderdriftens der Bahnen"**
zustande kommt, kann hier nicht untersucht werden.

Zweifellos gibt es aber den Zusammenhang zwischen beiden Anteilen, da sie über die Winkelgeschwindigkeit und „Alter" verbunden sind.

Nach der Strecke MatPol bis SE, also 180 Grad Richtungsänderung, haben beide **Bahnen** (nicht die Objekte!) voneinander den Abstand:

R (äußere Bahn) minus r (mittlere Bahn).

Wir sagten, die äußere habe den doppelten Radius.

Also ist der Abstand gleich $2r - r = r$.

 r hatten wir aus dem Standard-Universum (dem Alter) übernommen. Wir haben eine Zunahme des Abstandes der Bahnen proportional zum Winkel.

Der Abstand der Bahnen ist also (vom MatPol bis zur SE, danach rückläufig)

$$\frac{\text{(R-r)} \quad x \quad \text{Winkel-Grade}}{180}$$

Nähern sich die Bahnen in der zweiten Hälfte des GDU wieder an, so bewirkt die höhere Winkelgeschwindigkeit, dass das Objekt auf mittlerer Bahn soeben in den DesPol stürzt, das auf der äußeren Bahn aber, welches in diesem Moment durch die SE flog, noch die Hälfte des Umlaufs vor sich hat. Damit wird der Effekt der Annäherung der Bahnen hinsichtlich der zu erwartenden

B l a u verschiebung aufgehoben - es bleibt bei Rot.

Ich weise noch einmal darauf hin, dass das Sich-„Annähern der Bahnen" kein Prozess ist, sondern nur die **Beschreibung eines spezifischen, unveränderlichen Zustandes an verschiedenen Orten des Systems.**

Wir reden hier von e i n e m Querschnitt durch den Torus, also von einer z w e i-dimensionalen Betrachtung. Alle Querschnitte zusammen ergeben die dreidimensionale Ansicht, den Torus und seinen äußersten **Kälte-Ring**. In Skizze 7.2. haben wir das Standarduniversum im **Moment der <u>größten Ausdehnung (Radius = R)</u> abgebildet**. Diesem entspricht im **GDU die äußerste Kreisbahn**, allerdings nur „**im Moment**", da **diese** zwar den zeitlich unveränderlichen Radius hat, der des Standarduniversums **aber bis Null (?)** zurückgeht.

Im ganzen <u>GDU</u> haben wir (immer !) Bahnen mit sehr verschiedenen Radien. Jede einzelne <u>Bahn</u> aber mit <u>örtlicher B e s t ä n d i g k e i t</u> und unveränder- lichem <u>Radius</u>.
Ein Objekt erreicht einen bestimmten <u>Ort dieser Bahn</u>, trifft auf <u>Zustände, die für diesen Ort typisch sind</u>.
Irgendwann - u n a b h ä n g i g (!) v o n d e r Z e i t – erreicht ein zweites Objekt diesen Ort und trifft auf genau die gleichen Zustände.
<u>Alle Objekte,</u> die j e m a l s <u>diesen Ort erreichen,</u> <u>unterliegen den gleichen Zuständen und damit den</u> <u>gleichen Prozessen</u>. Die Zeit spielt keine Rolle!
<u>Sie würde nur „Verwirrung" stiften !</u>
Wichtig ist nur der **Ort**, also
- der **Radius der Bahn** und
- der **auf dieser Bahn zurück gelegte Abstand (Kreisbogen) vom Mat-Pol** !

Im **Standard-Modell** dagegen gibt es (??) unendlich viele z e i t a b h ä n g i g e Kugel-Radien, welche sich in *alle Richtungen gleichmäßig ausdehnen* sollen.
Jedes Objekt, egal auf welchem der Radien es sich bewegt, - also alle Objekte auf gleich langen Radien - unterliegen zur gleichen Zeit gleichen Bedingungen??
Laut Standardmodell sind wir seit 13,8 Mrd. Jahren auf unserem Radius unterwegs und haben demnach 13,8 (minus Abbremsung) Mrd. LJ zurückgelegt.
Dauerte der Urknall nur kurze Zeit, z.B. ein Jahr, so haben sich die ersten Teilchen seit seinem Beginn $9,46 \times 10^{12}$ Kilometer entfernt.
Nach 13,8 Mrd. Jahren beträgt die Entfernung $130,5 \times 10^{21}$ km vom Ursprung und die maximale Länge des Radius des Standard-Universums beträgt
$$(13,8 + 50) \times 10^{9} \times 9,46 \times 10^{12} = 6,04 \times 10^{23} \text{ km.}$$

Nur über die **maximalen Radien** beider Modelle Standard - und GDU erhalten wir **Beziehungen** zwischen deren physikalischen Zuständen zu e i n e r bestimmten Zeit an e i n e m bestimmten Ort: am Umkehrpunkt von „Expansion zu „Kontraktion".

Das Licht bewegt sich in beiden Modellen gleich schnell. Im **Standardmodel** benötigt es vom „Urknall" bis zur maximalen Ausdehnung (13,8 Mrd. Jahre heutiges „Alter" plus vermutete weitere 50 Mrd. Jahre) = 63,8 Mrd. Jahre auf „gerader Strecke", dem Radius.

Die **Abbremsung bis auf Null durch die Gravitation** ist **nicht** einbezogen. **Mit** deren Berücksichtigung muss man wohl von durchschnittlich halber LG ausgehen.

Im GDU läuft es auf einer halben Kreisbahn mit halbem Radius (Skizze). Halber Radius = R/2. Halbkreis somit Pi x R/2, das sind 100 Mrd. Jahre.

Damit dehnen sich die Längen im GDU erst in 1,57-mal längerer Zeit als im SU auf das Doppelte aus. (1,57 = Pi/2) Der Zusammenhang ist offensichtlich: Wenn Objekte auf der äußersten **Kreisbahn 13,8 +50 = 63,8 Mrd.** Jahre bis zur Symmetrie-Ebene unterwegs sind, haben sie die Hälfte des Kreises zurückgelegt.

Der ganze Kreis hat also 127 Mrd. LJ. Umfang und einen **Radius von r = 20,2 Mrd. LJ** Was folgt daraus?

Der Durchmesser dieser äußersten Kreisbahn beträgt 40,4 Mrd.LJ. Der **Querschnitt durch den ganzen Torus-Ring** zweimal so viel, da ja der Kreis sich „jenseits der Achse" wiederholt: **vier Radien zweier Kreise, also 81 Mrd. LJ.**

Wenn wir am **maximalen Radius des Standard-Universums** (bei der Umkehr von Expansion zur Kontraktion) festhalten $(13,8+50) \times 10^9$ LJ, ergibt sich der Umfang der Kugel zu $2 \times 3,1415 \times 63,8 \times 10^9 = 400$ Mrd. LJ, der **halbe** Umfang also ziemlich genau zu 200 Mrd. LJ. Ist dies die **äußerste Umlaufbahn des GDU**, dann legen alle Objekte auf dieser Bahn die Strecke in etwa 200 Mrd. LJ zurück.

Gehen wir davon aus, dass die **Objekte 200 x 10^9 Jahre benötigen**, bis sie die <u>Symmetrie-Ebene</u> durchqueren. Vom Kern des Universums sind sie dann – auf dem „geraden" Radius dieser Ebene gemessen ⁻200 /3,1415 = **63,7 Mrd. J von der Achse** entfernt. Dieses Verhältnis von Zeit pro halber Umlauf / 3,1415 = Radius in LJ gilt natürlich für alle Umlaufbahnen, auf denen die Objekte mit gleich bleibender Geschwindigkeit unterwegs sind. Die Verzögerung bleibt wieder unberücksichtigt, ebenso wie die erwähnte Zeitspanne im Kern zwischen der SE und dem MatPol von etwa 700 000 Jahren (siehe oben).

Da alle **Masse-Objekte** mit annähernd Lichtgeschwindigkeit unterwegs sind, hängt ihre **Umlaufzeit direkt proportional vom Radius ihrer Bahn ab**.

<u>Was sagt das über das „Alter" des Universums aus?</u>
<u>Nichts</u>, weil Objekte auf innerer Bahn <u>mehr Umläufe hinter sich haben</u> <u>und damit</u> öfter zerstrahlt und wieder neu entstanden sein können als solche auf weiter außen verlaufender Bahn.
<u>Ein allgemein gültiges „Alter" gibt es nicht!</u> Es lässt <u>sich nicht vom „expandierenden Radius" der Bahn oder</u> <u>vom Ort des gegenwärtigen Aufenthaltes ableiten.</u>
Die **Skizze zeigt exemplarisch drei kreisförmige** Umlaufbahnen zu sehen. Rechts der Achse des Kerns wäre die Situation symmetrisch darzustellen.

Die engste Bahn habe den Radius   1 R.
Die mittlere den Radius   2 R
Die größte den Radius   4 R

Dass die Umlaufzeiten bei **gleicher** Geschwindigkeit
der Objekte sich auf den Bahnen wie 1 R zu 2 R zu 4 R
verhalten, ist klar.

Das **<u>Objekt auf der inneren Bahn hat also</u>** vier Umläufe
beendet, wenn das <u>Objekt auf der äußeren</u> gerade **einen**
<u>hinter sich hat.</u>

<u>Wozu eine Altersangabe für das g a n z e Universum?</u>

Könnte man bei der Beobachtung ferner Galaxien eine
<u>Richtung</u> feststellen, in der die Abstände zu Objekten wie
dargstellt verlaufen, so ließe sich die daraus mit einiger
Sicherheit sagen, dass man genau entlang des Radius der
SE beobachte - je nach Zu- oder Abnahme der Temperatur
der Objekte.

Radien, Zeiten u. <u>Zahl der Umläufe</u> von Objekten im Gravitationsfeld-Dipol-Universum GDU.

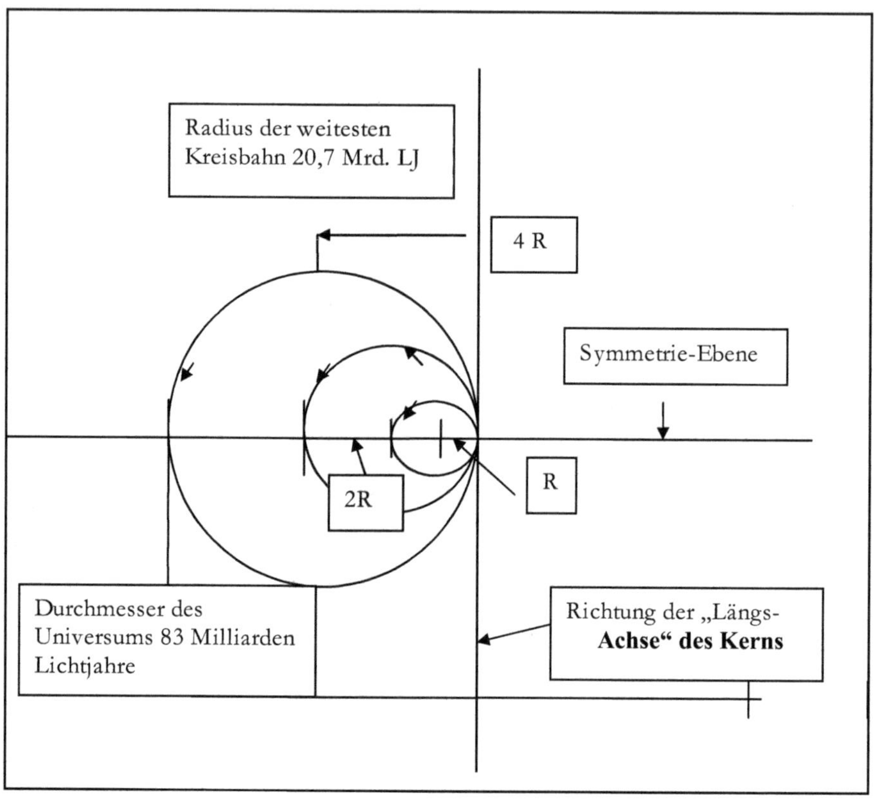

Wir hatten schon den speziellen Fall angesehen, dass auf **<u>jeder der drei Bahnen im gleichen Moment ein Objekt</u>** durch <u>die Symmetrie-Ebene</u> (SE) fliegt.
Wie lange sind die drei Objekte unterwegs vom MatPol bis zur SE?   **Keine Ahnung** !

Nur <u>relativ zu einander</u> kann man sagen: Die Flugzeiten stehen im gleichen Verhältnis wie die Radien: **1 zu 2 zu 4.** Das **Objekt auf der inneren <u>Bahn hat also</u> vier Umläufe beendet**, wenn das <u>Objekt auf der äußeren</u> gerade **einen** hinter sich hat.

<u>Blickt man nach „außen", endet die Beobachtung dort, wo</u> <u>nichts mehr strahlt, in der Region der „Dunklen Materie",</u> nahe dem Rande des Universums. Logisch, dass die Gegenrichtung in das Zentrum weisen würde – wenn man denn überhaupt <u>entlang</u> der SE blicken / messen kann!?
 (Krümmung! Einstein!)

<u>Wie gesagt, zerstrahlen nach dem Sturz in den DesPol alle</u> <u>Bausteine auf Bahnen nahe der Achse des Universums</u> <u>spätestens beim Erreichen der Symmetrie- Ebene zu</u> <u>reiner Energie.</u>

<u>Die Stufen der Zerstrahlung (Zerfall der Moleküle,</u> <u>Atome, Kerne, der Quarks in Neutrinos und Gravitonen)</u> <u>machen bis zum Überschreiten der höchsten</u> <u>Schwellentemperatur von ca.10^{13} bis 10^{15+} K gewaltige</u> <u>Energien frei.</u>

Wenn aber - einerseits kurzfristig keine Gravitation „den Laden zusammen hält", - andererseits nichts mehr zum Zerstrahlen vorhanden ist, weil ja alles bereits zu Strahlung wurde, dann geht die nun einsetzende Phase der Expansion des Universums, also der <u>„Ausdehnung der</u> <u>Radien" auf einem **höheren Temperatur-Niveau und</u> längere Zeit** vor sich als bisher angenommen.

Tragen die Energiemengen, welche durch die Zerstrahlung frei werden, dazu bei, dass die maximale Schwellentemperatur auf den Bahnen sehr nahe der Achse schon **vor** der Symmetrie-Ebene (SE) erreicht wird und die Strahlung auf dem restlichen Weg bis zur SE durch die Kontraktion noch heißer wird?? Mag schon sein. **Dann könnten auch Objekte**, welche auf weiter von der Achse entfernten Bahnen laufen, die Schwellentemperatur eher überschreiten und früh von ihrer Richtung (genau zum Mittelpunkt) nach außen abgedrängt werden, **der „Singularität" entgehen.**

Nach dem Durchgang durch die SE kann die Temperatur länger über der Neutrino- Gravitonen - Schwellen-Temperatur verharren, weil die „Abkühlung" von der aktuell weit höheren Temperatur bis zur ST einige Zeit länger dauert (sehr nahe an der Symmetrie-Ebene, etwa um die 0,001 Sek.)

Die Tabelle „ doppelter Radius bedeutet ein Sechzehntel Energiedichte" gäbe dem Radius eine Chance, seine Länge mehrfach zu verdoppeln, bevor die Schwellentemperatur unterschritten wird. Es dauert länger, bis die Gravitation durch Anlagerung von Gravitonen an die Neutrinos entsteht und beginnt, die Expansion zu bremsen.

Dann (besser: **dort**) erst werden die „divergierenden" Bahnen (der Raum!!) gekrümmt und in die Kreisbahn gezwungen. Auch die Prozesse dauern länger, während die Expansion fortschreitet.

Gibt es einen Hinweis darauf, dass noch weitere physikalische Vorgänge die Abläufe „ Ausdehnung des Radius" und „Unterschreiten einer Schwellentemperatur" beeinflussen?

Es mag Spekulation sein, aber: Bei der Beobachtung ferner Galaxien stellen wir häufig die relativ flache Spiralform fest sowie eine zentrale Verdickung. Wir sehen keine „kalten Objekte", sondern nur strahlende Sonnen. Bleibt uns das wahre Volumen der Galaxien (incl. Dunkler Materie) verborgen? Kann es aus Flugbahnen und Gravitation errechnet werden?

Die Masse (Mischung aus Materie und Strahlung), die in einer bestimmten Zeit durch die SE geht, bleibt im GDU ständig gleich, abgesehen von „Schwankungen" aufgrund des Durchgangs eines größeren Objektes. <u>Die Frage bleibt, wie groß der **Radius der** zentralen **Kreisfläche** sein muss,</u> durch welche **die sehr heiße Strahlung** (in der Figur von <u>unten nach oben)</u> durch die SE geht, **um der auf den äußeren Bahnen von <u>oben nach</u> <u>unten</u> durch die SE gehenden Masse genau das Gleichgewicht** nach $e = m$ $x\ c^{2}$ zu halten und damit das System permanent zu stabilisieren.

<u>Das ist der minimale Radius des Kerns</u>.

Da der **Kern** aus einem Doppel-Kegel besteht, kann man sinnvoll nur den **engsten Querschnitt** auswählen – den in der Symmetrie-Ebene. (siehe Skizze S. 96)

Kann man annehmen, dass Temperaturen um 10^{13+} K genau im Durchgangspunkt der Achse des **GDU-Torus'** durch die SE anliegen und bis zum gesuchten Radius (der Grenzfläche Masse- Strahlungs-Äquivalent) in gleicher Weise („Doppelter Radius führt zu einem Sechszehntel der Temperatur") abnehmen wie weiter draußen, von dieser Grenzfläche bis zur äußersten Gravitations-Bahn?
Ja, aber jede <u>**Verdoppelung des Radius**</u> dauert doppelt
   so lange wie die vorhergehende.

Die Abkühlung geschieht entsprechend langsamer.
<u>Die innerste Bahn im Kern wird zur äußersten im Feld und</u> <u>dort ist die Temperatur die tiefstmögliche im Universum,</u> der „Kältepol": Am weitesten <u>vom Kern entfernte Bahn</u> und <u>kältester Punkt dieser Bahn.</u> Diese Entfernungen sind zu messen von der Fläche, welche die Strahlungs-Region von der Materie-Region trennt, auf dem Radius der SE bis zur äußersten kreisförmig- (- elliptischen?) Bahn. Wie schon angedeutet („Anzahl der Quasare und Schwarzen Löcher"), <u>nimmt die Temperatur des</u> <u>Universums an Orten „hinter" der Symmetrie-Ebene -</u> <u>noch im Kern- sehr stark ab.</u> Wir wissen, dass die <u>**Verdoppelung des Radius des Standard-Universums**</u> <u>dazu führt, dass die Temperatur auf ein Sechzehntel</u> <u>zurückgeht.</u>

Die **Temperatur des Universums beträgt**
(nach Weinberg)

bei 0,66 LJ Radius 10^{11} K,

bei 1,33 LJ Radius 62×10^{6} K,

nach weiteren Verdopplungen des Radius auf

85,3 LJ 3,75 Kelvin

und bei ca. 158 LJ sind es dann noch 3,0 Kelvin.

Damit sind wir <u>sehr nahe an der in unserer kosmischen Umgebung „gemessenen" Temperatur der Hintergrund-Strahlung von 2,73 K.</u>
Genauer zu rechnen bringt wegen zahlreicher angenäherter Werte nichts.
<u>Bei 240-fach verlängertem Radius des Ausgangswertes von 0,66 LJ</u> kommen wir auf etwa 85,3 LJ für den **Radius unserer Umlaufbahn, was fern der Realität liegt.**
<u>Vergessen wir die Ungenauigkeiten und Dezimalstellen!</u>
Rein rechnerisch kann es sich um Fehler durch Auf- oder Abrundung in der Größenordnung von 10 Prozent handeln, aber selbst das würde maximal zu einem Radius des Universums von ungefähr 1000 LJ führen. Eventuelle Verlangsamung der Ausdehnung durch die Gravitation ergibt sogar noch geringere Werte für den Radius.

<u>Gehen wir vom Standardmodell aus, sind etwa 63,8 x</u> 10^{9} LJ als Wert als maximaler Radius anzunehmen (Heutiges „Alter" ca.13, 8 Mrd. J. plus weitere 50 Mrd. LJ Expansion)

Der sich aus obiger Tabelle ergebende Radius beträgt nur ein Promille des Soll-Wertes nach dem Standardmodell. **Wo liegt der Fehler?? Ich sehe nur eine mögliche Erklärung:**
Man darf **nicht** die im Standardmodell zu Grunde gelegte radiale Ausdehnung - bzw. Kontraktion - berücksichtigen, sondern:
Es müssen physikalische Prozesse einbezogen werden, welche nach meiner Kenntnis bisher nicht bedacht wurden:
Wie bereits beschrieben, zerstrahlen nach dem Sturz in den DesPol alle Bausteine des Universums spätestens beim Erreichen der Symmetrie-Ebene zur reinen Energie. Tragen die Energiemengen, welche durch die Zerstrahlung frei werden, dazu bei, dass die Schwellentemperatur auf den Bahnen nahe der Achse schon in **größerem Abstand vor der Symmetrie-Ebene (SE)** erreicht und Strahlung den restlichen Weg bis zur SE durch Kontraktion noch heißer wird? Mag schon sein.
Es dauert dann länger, bis die Gravitation durch Wieder-anlagerung der Gravitonen an Neutrinos den Expansions-vorgang zu bremsen beginnt und Strahlung bleibt länger erhalten, bevor sie in Materie übergeht.
Auch weitere Prozesse dauern länger, während die Expansion fortschreitet.
Nach Weinberg (a. a. O . S.123) geschieht etwa in dieser Phase„700 000 Jahre nichts Bedeutendes, außer dass sich das Universum weiter ausdehnt und abkühlt"

Der Wert für die Temperatur, welcher dem tatsächlich „gemessenen" am nächsten kommt, liegt bei <u>1,15 K und das bei einem Radius von 1360 LJ.</u>
Wir nehmen an, das Alter des Universums und sein Radius sei 13,8 Mrd. Jahre bzw. Lichtjahre. Das ist das 10- Millionenfache des Wertes aus der Tabelle!! Was sollen da Korrekturen im Prozentbereich?

<u>Schluss mit der Idee „Standard-Universum"!</u>

Es ist wohl vernünftiger, festzustellen, dass es ein
<u>Universum mit derartigen Werten für Temperatur und Radius nicht gibt!</u>
Jedenfalls nicht bei d i e s e r Struktur des Standard-Universums.

Ist Gravitation eine Welle? Oder eine konstante „Wirkung"? Ein Teilchen ?
Wie schnell kann es sich ausbreiten?
Lange Zeit verstand man Gravitation als eine über die Zeit <u>gleich bleibende</u> Kraft zwischen zwei oder mehreren Objekten. Die Formel $G = M1 \times M2 / R^2$ enthält keinen Faktor, der auf zeitliche Schwankungen hinweist.
Neuerdings wird vom „Zittern", also zeitlichen Veränderungen der Intensität berichtet.
Ursache könnte sein, dass sich in einem System aus zwei Komponenten ein kleineres sehr schnell um das Größere dreht und <u>der gemeinsame Schwerpunkt sich damit vom</u>

Beobachter entfernt bzw. sich ihm annähert, womit geringe Äderungen der Mess- Ergebnisse zu erklären wären. Das nur als Idee, ohne Garantie für die Richtigkeit. Wir verstehen das **<u>Graviton</u>** als Quant /Elementarteilchen der Anziehungskraft. H a t ein Graviton Anziehungskraft? Nein! Es **i s t** Anziehungskraft.

Bei der **Vereinigung mit einem Raum-Teilchen (z.B. Neutrino) überträgt das Graviton** sich - seine einzige Eigenschaft „Gravitation" - auf das Materie-Teilchen. Erst das Zusammenwirken beider bewirkt die Aktivierung dieser Eigenschaft.

Oberhalb der typischen Schwellentemperatur trennen sich Gravitonen und Neutrinos. Letztere sind bindungslos und die Gravitonen sind frei , aber nicht anziehend, da es dazu der **<u>Anheftung an ein ordnendes (1-D-) Element</u>** bedarf. **<u>Diese Bedingung gilt sinngemäß für das Elektron, das Photon</u>**

Erst wenn die Gravitonen frei sind, kann sich

- der Raum ausdehnen,
- damit die Temperatur fallen und
- die Gravitonen sich an die aus der Strahlung wieder

erstandenen Teilchen anheften, mit denen verschmelzen und ihnen damit die Eigenschaft Gravitation übertragen. Solange nur wenige Teilchen dafür zur Verfügung stehen, kann der Raum sich ausdehnen, ohne stark gebremst zu werden.

Weiter von der SE entfernt wird diese Ausdehnung durch zunehmende Gravitation verlangsamt und der Raum gekrümmt, bis sich der breite Strom von Gravitationsbahnen ergibt, welcher durch das Gleichgewicht von Zentrifugalkraft und Gravitation auf der Kreisbahn stabil gehalten wird.

Man sollte in diesem Zusammenhang nicht vergessen, dass es zu jedem **Teilchen ein Antiteilchen** gibt.

Gibt es das Graviton, so muss es auch ein Anti-Graviton geben!?

Geht man einen Gedanken weiter, so ergibt sich die Überlegung, ob denn dieses Teilchenpaar sich entweder

- gegenseitig neutralisiert, somit keine aktive Eigenschaft mehr aufweist und nicht mehr interagiert (zum Graviton- Neutrino wird??)
- oder ob sie - ähnlich den Quark- Triplets im Dreier- Verbund existieren könnten, wobei dann
  - 2 Gravitonen plus 1 Antigraviton „zusammenhaltende Wirkung" und
  - 1 Graviton plus 2 Antigravitonen eine „auseinander - treibende Wirkung" entfalten könnten ??

Die „**dunkle Energie**", die neuerdings oft im Zusammenhang mit der „dunklen Materie" erwähnt wird, soll ja angeblich **Materie „auseinander treiben"**! ?.

Da lobe ich mir doch meinen **„Autoreifen- Effekt"**, der durch Berührung zweier im entgegen gesetzten Sinne sich drehender Bahnen/Objekte entsteht.

Die symmetrisch beiderseits der Achse des Torus-Querschnitts existenten Bahnen erzeugen den Effekt des Auseinander-Treibens ohne geheime Kräfte.

<u>Die Bahnen **bügeln nur die Abplattung wieder aus**, welche sie exakt in der Achse erfahren haben, womit sie sowohl zur Bildung dieser Achse wie zur „Expansion" beitragen!</u>

Von Stärke und Dauer dieses Schubes hängt die neue Richtung ab, die natürlich gespiegelt zur Richtung vor dem Erreichen der Symmetrie- Ebene sein muss.

(Einfalls- gleich Austrittswinkel).

Mit dunkler Materie hat das nichts zu tun!

Kehren **Gravitonen** beim „Erkalten" unter die Schwellen-Temperatur zurück und - weil das der zusammenhaltenden Wirkung entspricht, binden sich an die aus der Strahlung entstehenden Masse-Teilchen? Sehr wahrscheinlich!

Und was machen die „**Anti**"-Gravitonen ? Ihrer typischen „auseinander treibenden" Wirkung könnte entsprechen, dass sie sehr schnell aus dem heißesten Inneren des Kerns entweichen und sich im Raum verteilen.

Sind sie vielleicht typisch für den ansonsten leeren Raum, das Innere des Ballonhäutchens im Standardmodell, an das ich nicht glaube?? Wo bleiben sie?

Oder sind es Paare gegensätzlich **gerichteter** Gravitonen, deren **Pole sich nicht anziehen**, sondern abstoßen wie **gleiche** Pole zweier Stabmagneten, der Grund der „Negativen Gravitation? Dann wären wir dies „Problem" schon mal los! Oder ist diese Lösung zu einfach?
Was spricht dagegen?
Die Masse dieser kleinsten Teilchen macht einen wesentlichen Teil der Gesamtmasse des Universums aus, wobei man hauptsächlich Neutrinos und Photonen „im Blick" hat. Warum sollten Gravitonen, welche einen Wirt gefunden haben und die Antigravitonen, welche „sich von der Materie fern halten", sich nicht gegenseitig anziehen wie **entgegen gesetzte** Pole eines Magneten?
„Negative Gravitation" ist weder zu entdecken noch notwendig – und schon gar nicht nachzuweisen!

Quark-Singles und -Triplets,
Zu deren 1- , 2- und 3- dimensionaler Struktur sowie zur Graviton – Neutrino-Bindung
Quarks spielen eine wesentliche Rolle bei der Erforschung atomarer Teilchen und deren Beziehungen untereinander sowie zu den Wellen.
Quarks „scheinen" nur als **Triplets** vorzukommen, bestehen also aus je drei **Singles**.
Nicht ganz, weil e i n Single als Kante zu mehreren Triplets - gleichseitigen Dreiecken - gehören kann und - noch sparsamer im Tetraeder verbaut wird.

<u>Den Hintergrund der Tatsache wollen wir beleuchten</u>:
Größere <u>Körper aus **Würfeln**</u> zu erzeugen, die nur aus
gleichen Kanten bestehen, ist ökonomisch, da keine
Zwischenräume (Voids) entstehen. Diese Körper sind
aber nicht stabil! Sie lassen sich leicht bis auf die Ebene
der Grundfläche zusammendrücken.
<u>Kugeln</u> sind zu diesem Zweck wegen unvermeidbarer
Zwischenräume nicht geeignet. Deren „würfelförmige"
Anordnung ist instabil und verschenkt viel Raum.
Die „dichte" Packung ist stabiler und rationeller,
aber nicht perfekt.

   <u>Die Natur sucht (und findet) immer die beste Lösung!</u>
   <u>Die muss **einfach, ökonomisch und stabil** sein.</u>
Welches System hat die Natur sich ausgesucht?
Den <u>Raum</u>, der aus stabilen Flächen zusammen-
     gesetzt ist, aus <u>gleichseitigen Dreiecken</u>:

Den **<u>Tetraeder</u>, der keinen Raum ungenutzt lässt und
sehr stabil ist!**
Dessen sechs <u>Kanten verbinden</u> (im <u>einzelnen</u> Tetraeder)
<u>jeweils zwei</u> der vier <u>Flächen</u>.
**Da es sich bei jeder dieser Kanten um e i n e n Dipol
handelt, der <u>nur</u> an den Polen wesentliche Aktivität zu
<u>Nachbar-Dipolen</u> entfaltet** - Anziehung, Abstoßung - ,
**kann die stabilisierende Wirkung <u>entlang</u> <u>der Kante</u>
<u>zwischen</u> den Nachbarflächen nicht groß sein.**
Sie ist <u>nicht vorhanden</u>, denn es geht ja bei dieser
Grenzlinie zwischen den Dreiecken **<u>nicht</u> um zwei**

parallele Dipol-Singles (eines zu jeder Fläche gehörend),
sondern nur um **ein Single, das als Teil mehrerer
Dreiecke und Tetraeder** anzusehen ist.
Selbst, wenn es zwei parallele Singles wären, würde die
Anziehung zwischen diesen beiden kaum existieren, weil
sie nicht senkrecht zu deren Verlauf wirkt.
(Zum Vergleich siehe den Stabmagneten)

Single-Gravitonen wirbeln **chaotisch** in jede Richtung.
Erst in Verbindung mit dem **Neutrino** - welches zu seiner
Achse /Durchmesser wird- tritt Ordnung ein:
Zwei Gravitonen finden **je zur Hälfte** auf e i n e m
Neutrino Platz.
Die beiden anderen Hälften ragen über dessen Länge
hinaus, gehen Verbindung mit den Nachbar-Neutrinos ein
(Polung!) und binden diese zum **Double.**
Doubles binden sich sofort in der Ebene **zur Fläche**
gleichseitiger Dreiecke und **weiter in 3-D** zu einer oder
mehreren **Schichten von Tetraedern**, welche den
Raum stabil erfüllen.

1 Graviton + 1 Neutrino = 1 Single-Quark

**Das einzelne Graviton ohne Wirt rotiert stochastisch.
Eine größere Anzahl weist keine gerichtete Außen-
Wirkung auf, da einzelne Wirkungen sich aufheben!**

Die <u>Bindung der Gravitonen an die Pole der Neutrinos</u> - „Achse" - ergibt die <u>Gleichrichtung</u> aller individuellen Wirkungen und Außenwirkung:

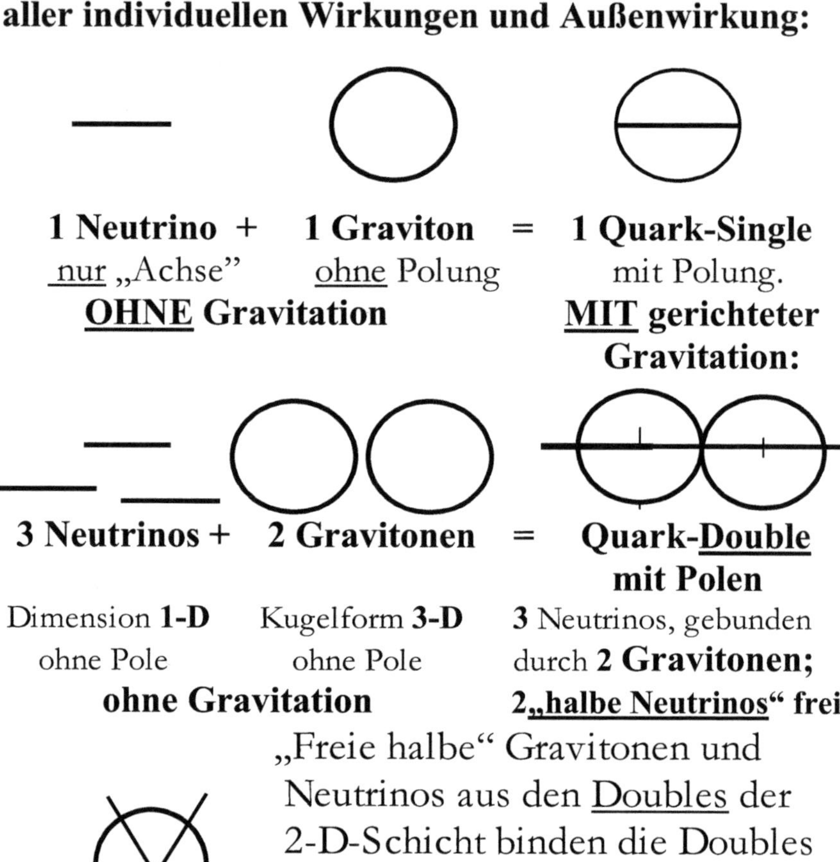

1 Neutrino + <u>nur</u> „Achse" **OHNE Gravitation**

1 Graviton <u>ohne</u> Polung

= 1 Quark-Single mit Polung. **<u>MIT</u> gerichteter Gravitation:**

3 Neutrinos + Dimension **1-D** ohne Pole **ohne Gravitation**

2 Gravitonen Kugelform **3-D** ohne Pole

= Quark-<u>Double</u> mit Polen 3 Neutrinos, gebunden durch **2 Gravitonen;** **2„halbe Neutrinos" frei**

„Freie halbe" Gravitonen und Neutrinos aus den <u>Doubles</u> der 2-D-Schicht binden die Doubles zu <u>Flächen</u>- deckenden Dreiecken und <u>Raum</u>- füllenden Tetraedern (3-D!)

Diese Konstruktion ist sowohl
- **„ökonomischer"** im Verbrauch des Baumaterials, **da
 eine Kante des** Dreiecks aus **einem Single** besteht,
 das zu sechs Dreiecken gehört:
  - - **zwei** davon in der „Grundfläche",
  - - **zwei** zu den davon schräg nach oben gehenden und
  - - **zwei** zu den schräg nach unten gehenden Dreiecken
- **als auch stabiler** für jede aus Tetraedern erstellte
 Konstruktion, denn ein **einzelnes Single aus dem
 Verbund heraus zu reißen, bedarf sicher
 h o h e r   E n e r g i e**, da jeder seiner **zwei Pole**
 in den Spitzen des Tetraeders) mit
  siebzehn weiteren Single-Polen verbunden ist:
- je **fünf** davon gehören zu den Singles der
   Nachbar-Dreiecke der „Grundfläche",
- **sechs** zu den schräg nach oben gehenden und
- **sechs** zu den schräg nach unten gehenden
   Dreiecken bzw. Singles.

Diese Energie ist dort gegeben, wo die bei zunehmender
Zerstrahlung der Materie noch nicht betroffenen Teilchen
(Neutrinos, Photonen) aufgrund der höchstmöglichen
Schwellentemperatur jede Eigenschaft verlieren, die mit
ihrer Masse-Natur zusammen hängt. **Dort,** in nächster
Nähe zur Symmetrie-Ebene, im Kern des Universums,
herrscht eine Temperatur von **über 10^{12} K** und
(nach Steven Weinberg) und „alle Teilchen verhalten sich
wie verschiedene Arten von Strahlung!"

Hier verliert das Single-Quark seine Eigenschaft „Gravitation" durch die Trennung des Gravitons (des Quants dieser Eigenschaft) vom Neutrino.

Damit hat das Neutrino keinerlei Bindung mehr zu seinen Artgenossen.

Die Tetraeder, Quark- Triplets (Dreiecke) und die Singles (Kanten) zerfallen.

Es gibt nur noch freie **Gravitonen - ohne Wirkung,** da die an die Existenz eines Wirtes aus Materie gebunden ist und **Neutrinos** - eben diese Wirte - auch sie ohne Eigenschaft, da ihnen die Gravitonen fehlen.

Es gibt keine verschiedenen Arten von Neutrinos!

Es existieren nur solche, die **sehr nahe an** der Symmetrie-Ebene (SE) sind und andere, welche (noch / schon wieder) **weiter davon entfernt** sind.

Das ergibt **unterschiedliche Mischungsverhältnisse hinsichtlich der durchschnittlichen Gravitation von größeren „Schwärmen" von Neutrinos,** die man an verschiedenen **Orten** antreffen kann!

Je näher ein Schwarm der SE ist, desto geringer die spezifische Gravitation, da der Grad der Trennung von Gravitonen und Neutrinos mit dem Grad der Annäherung an die SE zunimmt.

1 Graviton plus 1Neutrino ergeben ein 1 Quark-Single mit Gravitation.

Dezimalwerte gibt es auf der Ebene der Quanten nur bei der Betrachtung größerer Mengen von Teilchen, die zum Teil aus Masse m i t Graviton bestehen, teils letzteres hier (am Ort, näher an der SE!) schon verloren haben.

Im **Querschnitt** durch den Torus (Skizze weiter unten) sehen wir einige der dicht gepackten Gravitationsbahnen. Gäbe es nur eine einzige solche Bahn und sonst nichts im Universum, wäre kein Grund vorhanden, warum die Bahn gekrümmt sein sollte.

Sie könnte aus unendlich vielen minimalen, linearen, miteinander (an den Polen ihrer „Elemente", der Neutrinos) verbundenen

Longitudinalwellen bestehen.

Diese „ lange Gerade" ähnelt einem Radius des expandierenden kugelförmigen Urknall-Universums.

Sie hat nur die Dimension „Länge", weil ihre Bestandteile, die **Longitudinal**wellen - keine Breite aufweisen.

Dies sind die unmittelbar an der SE auftretenden gravitationslosen Neutrinos. Fügen wir einem Neutrino an jedem Ende ein Graviton hinzu (das wir als minimalen **Wirbel** an den Polen des Neutrinos sehen), wird aus dem Neutrino ein **Single-Quark mit Gravitation, zweiter und dritter Dimension (den Radien dieses kugelförmigen Wirbels).**

Von den **Elektronen, die um den Atomkern kreisen**, weiß man, dass dies keine exakt zu lokalisierende

Teilchen auf einer oder mehreren Kreisbahnen sind, sondern eher kleine „Wölkchen", also Felder.

Diese Felder sind sicher keine platten, 2-dimensionalen Elemente, sondern sie haben eine <u>dritte Dimension</u>, den Radius bzw. den

<u>**Durchmesser einer Kugel.**</u>

Die Kugeloberfläche **kann weder stabil sein <u>noch total von dem „Wölkchen" Elektron bedeckt.</u>**

Sonst wäre es ein starres System mit zahlreichen ebenso starren Umlaufbahnen, was jede Schwingung, Strahlung, Wirkung verhindern würde. Sollte das Elektron etwa in Teilen auftreten?? Selbst wenn das denkbar wäre:

Der genaue Ort eines <u>Teils des Elektrons</u> ist ebenso wenig anzugeben wie des ganzen Elektrons. Er kann - zeitweise - vom Zentrum des Atoms aus gesehen in Richtung auf das Zentrum des Nachbar-Atoms liegen, auf der Achse von Kern zu Kern.

Wenn das **Graviton** sich ähnlich verhält wie das Elektron, wenn es wie das Elektron und andere Objekte des elektromagnetischen Spektrums, etwa das Photon ein „Wölkchen" mit drei Dimensionen ist - und wenn jeweils eines davon an einem Ende (Pol) eines Neutrinos andockt, dann besitzt das bisher gravitationslose und <u>eindimensionale</u> **Neutrino, welches eine minimale Longitudinalwelle ist, nun <u>an jedem seiner zwei Pole</u> ein Kügelchen oder Wölkchen - ein Graviton.**

Demnach kann der **Radius eines solchen Kügelchens**
nicht größer sein als die **halbe Länge des Neutrinos**,
weil ja an dessen zweitem Pol/Ende ein weiteres
Kügelchen angedockt hat, dessen Radius ebenfalls auf
dem Neutrino Platz finden muss.
Das hört sich so an, als hätte **ein** Neutrino **zwei** Gravitonen.
Das wäre ja der Gegenbeweis zu der Aussage:
Ein Graviton plus **ein** Neutrino (ohne Graviton) ergeben
zusammen das minimale Materie-Element mit Gravitation!

So, wie **ein Single-Quark als Kante eines Tetraeders zu
zweien von dessen Flächen gehört** (und zu den angren-
zenden Flächen der Nachbar-Tetraeder auch) **gehört ein
Graviton** (-Wirbel, -Kügelchen) auch zu zwei Neutrinos,
die es verbindet.
**Diese Einheit (Neutrino plus Graviton) ergibt ein
Single-Quark!** Das eine **Graviton** tritt also nicht als
„Ganzes pro Neutrino" auf, sondern **„in zwei Hälften an
den zwei Enden zweier Neutrinos".**
Die jeweils zweite Hälfte betrachten wir als Teil des
Nachbar-Neutrinos.
**Ein Graviton ist das Binde-Element zwischen zwei
Neutrinos.**
**Es spielt die Rolle des „Gluons", welches nicht mehr
benötigt wird!**   Der „Zoo" wird kleiner !

Die Verbindung zweier Neutrinos durch ein „Kügelchen"
wirkt wie ein Gummiband, dargestellt durch die Achse
der Neutrinos:
- **Ausdehnung, wenn Platz da ist** und keine Kraft das
  verhindert,
- **Zusammenziehung, wenn der Platz enger wird!**
        Typisch <u>Longitudinalwelle</u>! Beispiel !?:
Expansion / Kontraktion der Radien im Standard-Modell.

Das <u>Graviton</u> ist als das minimale **dreidimensionale
        Kraftfeld („Gravitations-Wirbel")** anzunehmen.
**Sein Wirt, das <u>Neutrino</u> ist das <u>minimale, eindimen-
sionale, lineare Element</u>, die „<u>A c h s e</u>",** um deren
Enden / Pole,_**unterhalb der Schwellentemperatur –**
das **<u>Graviton</u> „wirbelt".**
Rein rechnerisch je ein halbes Graviton an jedem Pol, in
der Realität ein ganzes, **welches anteilig je zur Hälfte zu
den beiden Neutrinos gehört, die es verbindet!**
        So geht Gravitation!!
Der Stabmagnet und seine Minimal-Magneten grüßen!
Was hat man sich unter dem minimal- <u>eindimensionalen,</u>
linearen Element in einer Umgebung vorzustellen, die nur
aus Strahlung (Wellen) besteht??
        Eine <u>Longitudinal-Welle</u>!
Genau so, wie die *magnetischen* **Kraftlinien des Stab-
Magneten im 2-D-Schnitt <u>durch</u> den festen Kern und
das Feld laufen, aber <u>nicht</u> um dessen Achse „kreisen"**
(wie fiktive Objekte auf Äquator / Breitenkreisen) ,

sind die Kraftlinien des *Gravitationsfeldes* im Torus um die Achse des Kerns herum <u>vorhanden</u>, da sie <u>aus</u> einem Pol des Kerns in alle <u>Richtungen</u> (des 360 Grad-Kreises) mit unterschiedlichen Bahnradien <u>heraustreten</u> (wie Wasser aus einer Fontäne),

    <u>rotieren aber n i c h t u m die Achse des Torus</u> , sondern nur um die Mittelpunkte ihrer Kreisbahnen, die im 2-D- Querschnitt alle auf den Radien in der SE liegen - und zwar jeder Mittelpunkt um den Radius der Bahn von der Achse des Kerns entfernt.

    (Siehe auch Erdmagnetfeld!)

Im Moment des **Durchganges der Strahlung durch die Symmetrie-Ebene hat die Gravitation „Pause", bis die abnehmende Temperatur die Anlagerung der Wirbel an die Pole der Achse (Neutrinos) wieder zulässt.**
Wir hatten die <u>Länge des Kerns auf Null gesetzt</u>, weil er im Verhältnis zur Ausdehnung des Feldes verschwindend kurz ist, quasi zur Singularität wird.

<u>Zurück zu den Dreiecken, Tetraedern und Quarks !</u>

<u>Klar muss sein, dass - wie bei Stabmagneten - jeweils</u> **ein „Pol" jedes Dipols e i n e   t y p i s c h e Eigenschaft aufweist, der Gegenpol die gleiche, aber mit entgegen gerichteter („negativer") Wirkung.**

Beim Bau dieser Tetraeder-Schichten haben wir nur **Neutrinos mit Gravitation, also mit angedocktem Graviton** verwendet.

Aus welchen chemischen Verbindungen, Molekülen, Atomen, Protonen, Neutronen diese Neutrinos stammen, spielt keine Rolle.

<u>Auf dieser untersten Ebene der Teilchen gibt es nur einheitliche Elemente</u>. **Unter gleichen Bedingungen sind alle Neutrinos <u>gleich lang</u>!**

<u>Jedes stellt eine Achse mit zwei Polen dar</u>.

Das Prinzip der Konstruktion haben wir beschrieben, ohne auf Temperaturen zu sprechen zu kommen.

Wie die Elementar-Magneten in einer glühend heißen Schmelze von einem starken elektromagnetischen Feld (Blitz) gleichgerichtet werden und bleiben, während sie abkühlen und damit unbeweglich werden, so geschieht es mit den Neutrinos, nachdem sie unter die Schwellen- temperatur der Gravitonen- Abtrennung „abgekühlt" sind: Haben sich erstmal zwei Quark-Singles mit entsprechend gepolten Enden zusammengetan, geht der <u>Prozess beschleunigt weiter</u>, weil die „Spannung" dieses in Linie geschalteten Paares sich verdoppelt, wie die elektrische Spannung zweier Batterien sich verdoppeln würde. Damit wird dies Paar das „Stärkste" seiner unmittelbaren Umgebung und es zieht weitere Singles erfolgreicher an als ein anderes Single. Bald kommt es aber dazu, dass auch weitere Paare erfolgreich sind und das sind dann im

Magnetismus die magnetisierten Bezirke, die sich bei
weiterhin günstigen Bedingungen
 (Bewegungs-Möglichkeit durch Schmelze) zu immer
größeren Einheit verbinden können.
Ich hoffe, nicht zu viele Worte gemacht zu haben.
Meine Absicht war und ist es, auch die kleinen, aber sehr
wichtigen **Zwischenschritte beim Bau des Systems**
verständlich zu machen, denn sie sind des „Pudels Kern"
und um den Kern geht es ja hier!

Einige Anregungen stelle ich hier als Wegweiser vor:

**Bei Annäherung an die SE zerfallen nacheinander die
Strukturen.** Zunächst Moleküle, dann Atome (erst die
„Schalen" mit den Elektronen), was zu den Neutronen-
sternen führt, dann die Kerne. Soweit ist die Sache
erforscht und wird in der Technologie angewandt, sei es
zur Energiegewinnung oder zur Vernichtung des Gegners.
Wir wollen aber die Vorgänge erklären, welche **vor** und
sehr nahe **hinter** der Symmetrie-Ebene geschehen, die
rätselhafte „**Singularität**".
Die Skizze S. 168 zeigt den <u>**kleinsten denkbaren Torus**</u> :
Den **Querschnitt durch ein Atom** !
<u>Die Kreisbahnen wurden um die Achse rotiert.</u> Dadurch
drehen sich Objekte auf den diametral zur Achse
angeordneten Bahnen im entgegen gesetzten Sinne.

Tatsächlich treffen sich die auf ihnen <u>umlaufenden</u> Objekte aber im Zentrum mit <u>gleicher</u> Flugrichtung.

a) Es kommt **<u>nicht zur Zerstörung</u>,** sondern zu einer „**<u>Abplattung</u>"** in beiden Bahnen - Paketen. (Skizze 6.4 , S.100)

Solange wir bei der Betrachtung **einer** solchen Welle, **eines** Teilchens auf **einer Kreisbahn bleiben,** ist dem nicht mehr viel hinzu zu fügen.

Nur die Feststellung, dass es natürlich größerer Energie bedarf, das Teilchen doppelt so oft pro Zeiteinheit auf und ab zu bewegen, also bei halber Wellenlänge doppelt so oft, um Lichtgeschwindigkeit zu erreichen.

Die Masse bleibt gleich, der Radius ist nur noch halb so groß. Das Teilchen muss sich **doppelt** so schnell bewegen und es gilt, dass die kinetische Energie dann **viermal** so hoch ist (v- Quadrat)

Bewegt sich aber dieses rotierende Mini-Objekt auf einer Geraden vorwärts, so beschreibt ein bestimmter Punkt auf dieser Kreisbahn eine Sinus-Kurve, eine Welle, bei der sich der Punkt **quer zur Fortbewegung** des Mittelpunktes mal rechts, mal links (oben/unten) vom Mittelpunkt befindet.

Es handelt sich um eine **Transversal-Welle (s.S.194).**

Licht - als Welle - kann in allen möglichen Ebenen schwingen (Polarisations-Filter!).

<u>Bei der riesigen Anzahl der Wellen in der Strahlung,</u>
 - welche bei einer bestimmten Temperatur des
      Universums und damit
 - in etwa gleicher Entfernung vom Kern existieren
ist anzunehmen, dass die Zahl der links- bzw. der rechts
herum laufenden Teilchen etwa gleich groß sein dürfte.
**<u>Sind die Lichtwellen dicht gepackt, füllen sie den
Raum,   berühren sich.</u>**
<u>Gibt es, wie bei den Elektronen, „Wölkchen" (anstelle klar
definierbarer Orte des Aufenthaltes) auch bei den
Photonen ? (…und Gravitonen ?).</u>

b) Treffen sich zwei im **gleichen Sinne** auf den
Bahnen umlaufende Objekte, so werden sie sich
verhalten wie zwei aufgeblasene Autoschläuche:
sie werden **sich auslöschen, verbrennen,** weil sie **<u>im
Berührungspunkt mit entgegen gesetzter Richtung
aufeinander stoßen.</u>**

Halten wir gedanklich ein Blatt Papier zwischen beide
Kreisbahnen, so würden die Photonen sich (wie in der
Skizze) **nach oben bewegen**, wie es Autoreifen täten, die
entweder in der Mitte an ein Brett oder nur an den jeweils
anderen Reifen stoßen.

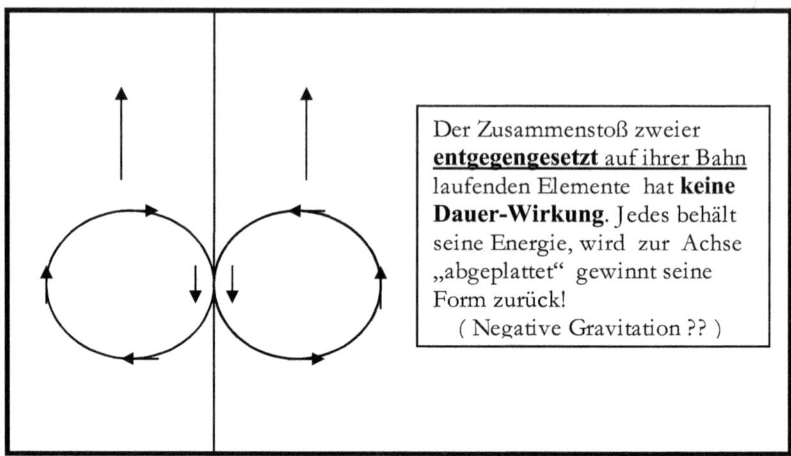

Laufen sie insgesamt im entgegen gesetzten Sinne,

fliegen sie bei größter Annäherung ein Stück weit
parallel nebeneinander her (Achse!), mit der bei
Gummireifen üblichen

„Abplattung" !

Handelt es sich um Strahlung - und nur die gibt es im Kern des GDU – so ist diese „Abplattung" der Bahnen
ohne weiteres mit den Gummireifen zu vergleichen!
Auch für Linien des Kraftflusses in einem Feld gilt dieses
Verhalten:
Im Feld des Stabmagneten verdrängen sich die Bahnen,
wenn man gleiche Pole einander nähert, je nach Richtung /
Grad der Annäherung.

Die Pole stoßen sich ab und die Bahnen nehmen ihre
ursprüngliche Form wieder an : Ellipsen oder Fast-Kreise -
je nach Länge des „Kerns", wie oben beschrieben.

Sicher ein Analogon zu den Bahnen der Gravitation im GDU und ein Mosaiksteinchen, welches das Bild von den einheitlichen Feldern ergänzt.

Ebenso, wie alle <u>Teile auf ihrer Bahn die Symmetrie-Ebene</u> **im Feld** auf parallelen Bahnen durchqueren
 - genau genommen nur einen Moment lang, da sie kurz
vor dieser Ebene noch geringfügig auseinander liefen,
sofort **dahinter** aber beginnen, sich einander zu nähern –
geschieht das **im Kern**:
Wir reduzieren die Längsachse auf Null und es bleibt nur
die Symmetrie-Ebene selber, an der die Kontraktion endet
und die Expansion beginnt.
Die Bahnen laufen aber „nur" **bis kurz vor der SE** auf
einander zu!
Ist Ihnen aufgefallen, dass <u>alle Objekte </u>in den weiter oben
stehenden Figuren im <u>gleichen Sinne</u> (aus dem MatPol,
durch das Feld und in den Despol) auf ihren Bahnen
kreisen??
<u>Das bedeutet, dass sowohl die **Bahnen** selbst als auch die
Objekte alle **gleichgerichtet** sein müssen.</u>

Wäre das anders, würde sich die „Mehrheit durchsetzen",
die Minderheit würde zerstrahlt werden und der sich
ergebende „Rest" würde die Umlaufrichtung bestimmen –

ebenso wie in dem Chaos aus Materie und Antimaterie kurz nach dem Urknall(?), als ein wenig Materie übrig blieb, aus dem unsere Welt entstand (frei nach Weinberg). Vom Kern bis zu dem **von der Achse am <u>weitesten</u> <u>entfernten Punk</u>t <u>unserer Bahn</u>**,

    - der im GDU ebenso wie im Standard-Universum für diese Bahn die **Umkehr von der „Expansion zur Kontraktion" markiert, hier den Durchgang durch die SE,** sind es ca. 40 Mrd. LJ.

Andere Bahnen gehen an anderer Stelle durch die Symmetrie-Ebene. Alle diese Punkte zusammen ergeben auf der **SE die Gerade,** auf welcher die Mittelpunkte der Kreis-Bahnen liegen. Angenommen, die Objekte bewegen sich mit gleicher Geschwindigkeit auf ihren Bahnen, dann macht das im Standard - U. angegebene Alter von **13,8 Mrd. Jahren <u>38 Grad „unserer" mittleren Kreisbahn</u> im Gravitations-Dipol-Universum aus.**

<u>Auf einer **äußeren Bahn** mit doppeltem Radius</u> bewegt sich ein Objekt in dieser Zeit nur um **19 Grad** im Bogen. <u>Hat das Objekt auf mittlerer Bahn den am weitesten entfernten Punkt (nach 180 Grad, in der SE) erreicht, ist das auf der äußeren Bahn erst bei 90 Grad angekommen.</u> Zusätzlich zum **„Auseinanderstreben der Bahnen" kommt die höhere <u>Winkel</u>geschwindigkeit der Objekte auf weiter innen verlaufenden Bahnen als <u>Faktor dazu,</u> <u>welcher die Rotverschiebung (RV) bewirkt bzw.</u> <u>verstärkt.</u>**

Da aber das GD-Universum kein Ballonhäutchen ist und auch nicht 13,8 Mrd. Jahre alt, sondern immer schon existierte („Steady State") und den dreidimensionalen Raum erfüllt, sind auch <u>immer irgendwelche Objekte auf einer „äußeren" Bahn relativ nahe</u> unserer Umgebung, auch wenn ein gleichzeitig mit uns aus dem Pol ausgetretenes Objekt wegen geringerer Winkelgeschwindigkeit weit „zurück geblieben" ist.

Es ist müßig, sich darüber Gedanken zu machen, ob ein Objekt sich auf einer äußeren Bahn und auf welcher bewegt, denn wir können ja nur die Momentaufnahme machen.

Die **<u>Expansion im Standardmodell</u>** geht davon aus, dass aus einem Punkt heraus der Raum samt seinem Inhalt sich nach allen Seiten gleichmäßig ausbreitet, was zu einem kugelförmigen Universum führt. Gravitation bremst die Ausbreitung.

Die logische Folge: wenn es zum Stillstand und zur Kontraktion kommt, werden alle Objekte auf ihren Bahnen (den Radien der Kugel) wieder in den Ausgangspunkt zurück stürzen.

<u>Dies stellt ein ungeklärtes Problem dar :</u>

<u>Was war vor, was ist „hinter" dem Urknall bzw. der Singularität? Ausdehnung und Kontraktion gemäß Standard-Modell:</u>

<u>Und was geschieht, wenn die eine Hälfte schon „auf dem Rückweg ist", die andere aber noch expandiert –</u>

<u>was Milliarden Jahre lang der Fall sein könnte?</u>

Beginnt das <u>**G a n z e** „im gleichen Moment", sich wieder</u>
<u>zusammen zu ziehen und erreichen damit nur wenige</u>
<u>sehr früh aus dem Urknall ausgetretene Objekte überhaupt</u>
<u>die äußerste Grenze, bevor die Kontraktion beginn??</u>
Mit diesen Fragen hat mein „Kreislauf-Universum"
Gott sei Dank nichts zu tun – und ich auch nicht!
Mögen sich die „Enkel" Weinbergs damit beschäftigen!

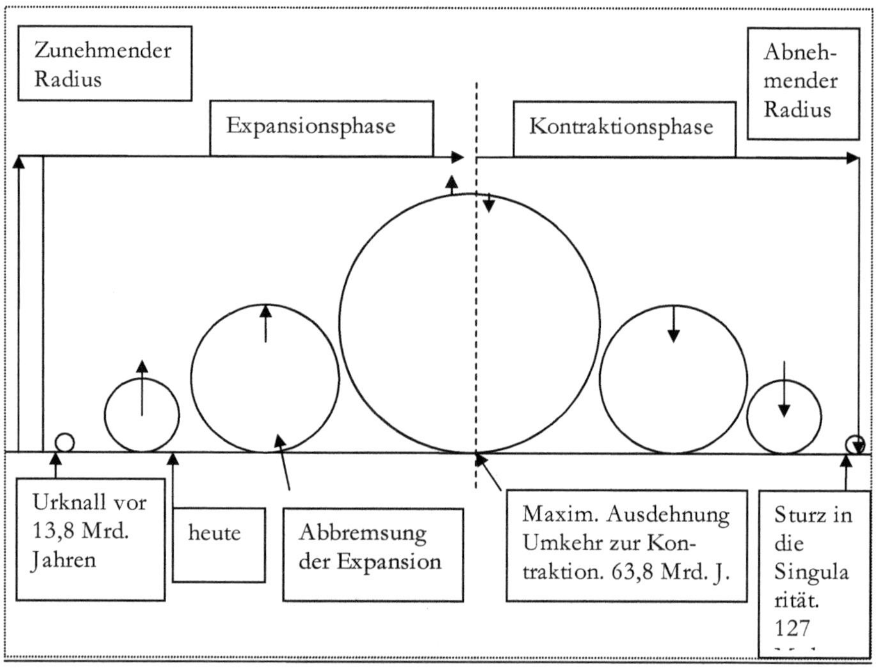

Schema des Standard-Universums. Radien auf der Zeitachse.

- Urknall vor $13{,}8 \times 10^{9}$ Jahren.

- „heute": noch starke Expansion, abnehmend

- Abbremsung, aber noch Expansion
  - Maximale Ausdehnung nach ca. 64 Mrd. J:
    Expansion : Stillstand ; Umkehr zur Kontraktion
    Radius bei ca. 63,8 Mrd. J (minus Abbremsung)
  - Zunehmende Kontraktion
  - Sturz in die Singularität. Ende nach 127 Mrd. J.

Die Masse des Universums bleibt gleich, verteilt sich im
Verlaufe der Zeitachse nur auf unterschiedlich große
Volumina.
Die **Expansion der Kugel-Radien** erreicht schnell
quasi **Lichtgeschwindigkeit** und wird bis zum Erreichen
des maximalen Radius wieder **auf Null abgebremst ??**
Es ist schwer, eine Aussage zu machen hinsichtlich des
Verlaufs der Abbremsung und der durchschnittlichen
Ausdehnung pro Zeiteinheit. Fachleute nehmen an, dass
das (**Standard!**) - Universum 13,8 Milliarden Jahre alt
sei und sein Radius wegen der Abbremsung geringer als
13,8 Mrd. LJ.
Weiter wird angenommen, dass die Ausdehnung noch 50
Mrd. Jahre weiter gehe, mit geringer werdender
Geschwindigkeit, letztlich Null. Das **muss im Standard-
Modell** so sein, weil die Ausdehnung sich nicht
„schlagartig" in Kontraktion verwandeln kann.
Im **GDU- Modell** behalten alle Bahnen unabhängig von
der Zeit ihren Radius. Eine Abbremsung der Objekte
noch diesseits der SE wird durch die Beschleunigung

jenseits aufgehoben, weshalb eine <u>hohe Durchschnitts-Geschwindigkeit erwartet werden kann</u>

Für meine Überlegung reicht, diese mit „etwas unter LG" anzunehmen, was bei der Dauer von 13,8+50 Mrd. Jahren zu einem **vorübergehend maximalen Radius** des **Standard-**Universums von unter 64 Mrd. LJ führen würde und nach weiteren 64 Mrd. Jahren der Kontraktion zum endgültigen Sturz in den Ausgangspunkt, die Singularität. Dieser Verlauf kann nur dann stattfinden, wenn alle Objekte exakt auf ihren Radien zunächst nach außen streben und dann ebenso exakt zurück ins Zentrum. Schon geringe Ungleichmäßigkeiten bei der Verteilung der Materie im Raum, z.B. lokale Gravitationszentren / Zusammenballungen, ließen den Verlauf der Kontraktion von dem der Expansion abweichen.

Halten wir fest:

Es darf bezweifelt werden, dass das Standard-Universum sich auf identischen Bahnen zur Singularität zurück entwickelt. Die Gesamtmasse des Universums steht noch nicht genau fest, da der Anteil der „dunklen Materie" noch unterschiedlich eingeschätzt wird.

Wie sich das auf die Expansion und Kontraktion auswirkt, ist ebenso unklar.

<u>Das Erreichen des</u> **Umkehr-Radius** <u>markiert die</u> **größte Ausdehnung** <u>des Standard- Universums.</u> **Damit ist dies Universum räumlich endlich**.

<u>Nur ein sehr geringer Teil der Masse erreicht die Außengrenze! (s. vorige Seiten)</u>
Die nicht genau bekannte Gesamtmasse und die damit zusammen hängende Abbremsung <u>lassen keine besseren Aussagen zu Größe und</u> Alter zu.
Warum derart viel Text zum **Standard** –Universum ?
Weil die **<u>Abbremsung bis zum Stillstand</u>** führen muss und ihre Wirkung eine stärkere Rolle spielt als im **GDU,**
wo die Objekte- <u>nicht</u> auf allen Bahnen <u>gleichzeitig</u>
<u>im gleichen Maße</u> abgebremst werden - schon gar nicht
bis auf Null - (was ein Indiz für das Ballonhäutchen wäre),

- **sondern auf ihren örtlich stabilen Kreisbahnen mit**
     verschiedenen Radien
- **unterschiedliche Winkel-Geschwindigkeiten**
     aufweisen und
- **die Symmetrie-Ebene nach unterschiedlichen**
     „Flugzeiten" und mit unterschiedlichem Abstand
     vom MatPol und von der Achse des Kerns
     durchqueren, also auch bei ganz
- **unterschiedlicher Temperatur und**
          Wirkung der Gravitation.

Letztere ist zwischen den Objekten gleicher Masse
auf inneren Umlaufbahnen deutlich höher als
auf den äußeren, insgesamt aber im Torus des GDU
wegen der größeren Gesamtmasse auch stärker als im
Standard-Universum.
Sie ist <u>s o</u> <u>g r o ß</u> , dass sie die Fliehkraft der Objekte
auf den Kreisbahnen genau aufhebt, was normal ist,

wie man an unserem Sonne-/ Planeten- und Planeten- / Mond- System beobachten kann.

Hier sind exemplarisch **drei kreisförmige** Umlaufbahnen mit den Radien 1 R, 2 R und 4 R zu sehen:
Bei gleicher Geschwindigkeit hat **das Objekt auf der inneren Bahn vier Umläufe beendet,** wenn das auf der äußeren **gerade einen** hinter sich hat.
     Radien u. Zahl der Umläufe von Objekten in der Querschnitt-Fläche durch den Ring des Torus´ -GDU.

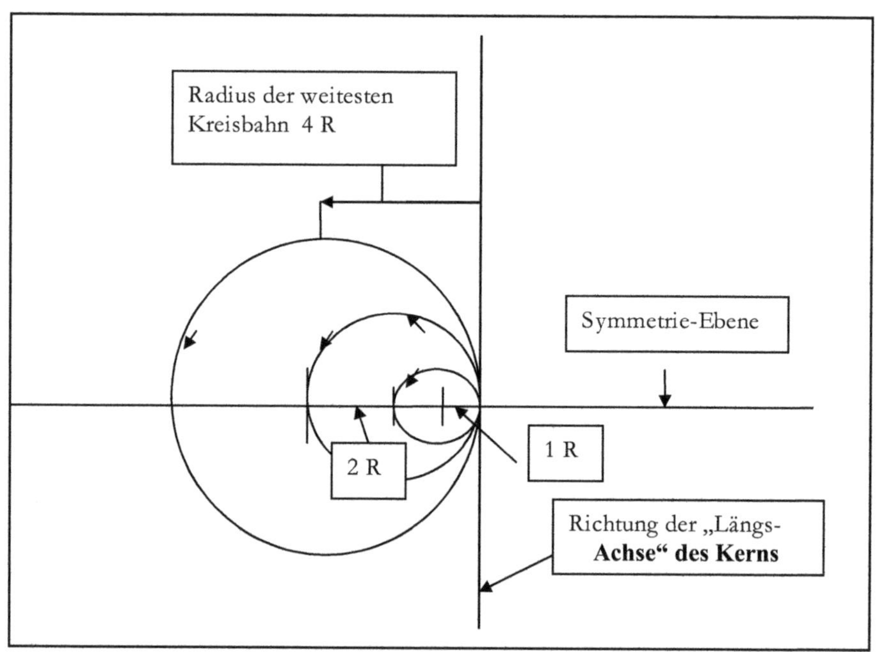

Was soll hier die „**Altersangabe**" für das **Universum**?

Sie kann nur für e i n e Bahn mit einem bestimmten
Radius gelten!!
   Und wie viele Umläufe, Zerstrahlungen und
   „Rekombinationen" hat das Objekt bzw. seine
   Bauteilchen auf dieser Bahn schon hinter sich ??

„Alter" kann nur vom MatPol aus auf der Kreisbahn
„gemessen", als Aufenthalts-<u>Ort</u> angegeben werden!

Anhang

<u>Flussfahrt auf dem Amazonas</u>

Zwei wissbegierige junge Forscher leben nahe am
Zusammenfluss der Quell-Flüsse des Amazonas in den
Anden. Zusammen wollen sie den Fluss, der ihr Leben
stark beeinflusst, bis zur Mündung erkunden.
Sie mieten zwei Boote, packen Vorräte ein und fahren los,
jeder in seinem Boot. Beide wollen beobachten und
notieren, was ihnen wichtig erscheint und sie wollen erst
nach der Rückkehr ihre Beobachtungen vergleichen und
auswerten, um sich nicht schon bei der Datenerfassung
zu sehr gegenseitig zu beeinflussen.
Antonio will in <u>Flussmitte fahren und alle 10 Tage</u> seine
Beobachtungen notieren. Oberhalb der Stelle, wo die
Quellflüsse zusammenfließen, beginnt die Fahrt.
Antonio misst die Tiefe und Temperatur, nimmt Wasser-
proben. Hier oben sind die Ufer des jungen Amazonas auf
jeder Seite 25m vom Boot entfernt. Nach zehn Tagen
notiert Antonio, dass die Ufer je 250 m vom Boot entfernt
sind. Sie müssen zurück gewichen sein.
Nach 20 Tagen sind die Ufer je500m entfernt, also wieder
um 250m zurück gewichen. Seltsam ! Wie kommt das?
Zehn Tage später sind die Ufer noch weiter entfernt:750m!
Das ist unglaublich! Wie können die Ufer sich immer
weiter vom Boot entfernen?? Ist da Zauber im Spiel?
Und wieder 10 Tage später sind es 1000m auf jeder Seite.

Nach 50 Tagen beträgt die Entfernung beiderseits 1250 m!
Antonio bemerkt, dass auch die Mündungen der Bäche
und Flüsse, welche sich in den Amazonas ergießen,
immer breiter werden. Langsam wird es dem jungen Mann
unheimlich. Er bleibt in Flussmitte.
Nach 60 Tagen sind es 1500m, nach 70 Tagen 1750 und
nach 80 Tagen 2000 m nach beiden Seiten zum Ufer.
Nach drei Monaten sind es 2250m
und nach 100 Tagen 2500 m.
Die Ufer sind nur noch als schmaler Strich zu erkennen.
Gut, denkt Antonio, für zwanzig Tage habe ich noch
Wasser und Brot, also weiter. Er hat es schon erwartet:
3000m nach jeder Seite!
Die Ufer sind nur noch zu ahnen. Existieren sie noch??
Wenn ein Fluss anscheinend keine Ufer mehr hat, ist es
kein Fluss mehr, kein See, sondern das Meer!
Antonio sieht eine riesige Flutwelle vom Meer her auf
sich zu kommen: Springflut!! Den Motor starten und
nichts wie weg!
Die Welle trägt ihn flussaufwärts und er kann nach zehn
Tagen wieder die Ufer sehen.
Er füllt seine Vorräte in einem Dorf auf und er stellt fest:
nach jeder Etappe von zehn Tagen kommen die Ufer um
250m auf jeder Seite dem Boot näher. Wenn das nur gut
geht! Es geht gut und nach 200 Tagen ist er wieder dort,
wo er losgefahren war. Wieder sind die Ufer beidseits des
Bootes 25 m entfernt, sich also sehr nahe gekommen.

Was verursacht dieses Hin und Her der Ufer??

Skizze aus Antonios Tagebuch :
Entfernung der Ufer von Flussmitte im **Zeit**verlauf

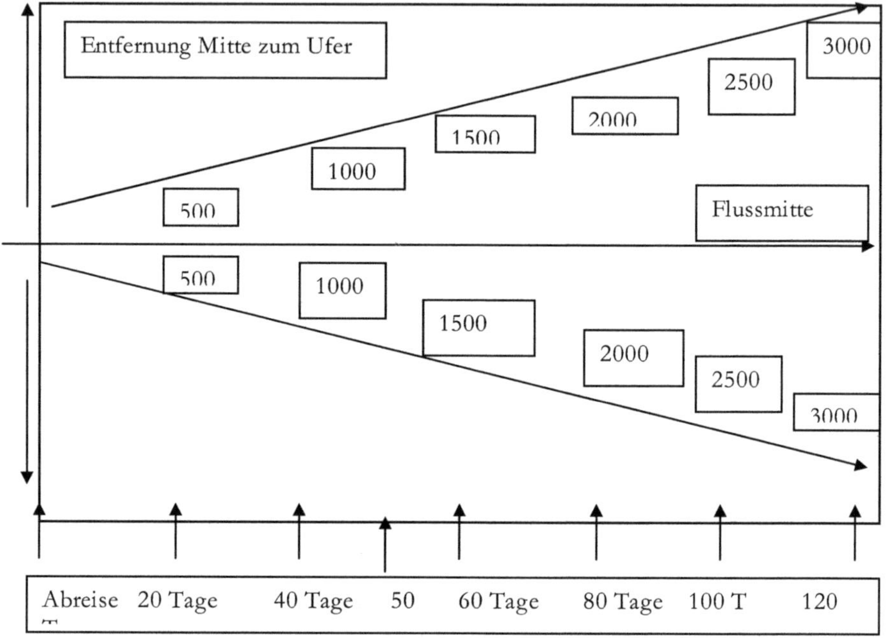

Pedro ist nicht so sehr am Fluss selber, am Wasser, der Tiefe und Strömungsgeschwindigkeit interessiert.
Er will wissen, welche Stämme am Ufer leben, welche Sprachen sie sprechen, welche Tiere und Pflanzen dort existieren. Deshalb fährt er jeweils größere Strecken nahe am Ufer entlang und macht dann in einer Indianer-Siedlung oder Stadt einige Tage Pause, um zu beobachten, zu sammeln und zu messen.

Erste Station ist Santa Rosa. Der Fluss ist hier 500m breit.
Man kann es auf der Brücke abschreiten, was Pedro gleich
nach der Ankunft tut. Kurz vor der Weiterfahrt misst er
noch einmal, um sicher zu sein: 500 Meter! Wenn ich
schon hier bin, messe ich eben die Breite mit!
Zweite Station ist Iquitos. Pedro erfragt vom Fährmann
am Hafen bei der Ankunft die Breite des Flusses, die
schon stolze 1000 m beträgt.
Er bleibt eine Woche, streift durch die Umgebung,
sammelt, schreibt ins Tagebuch und misst vor der
Weiterfahrt mit Hilfe seines Fernglases mit Strichein-
teilung noch eben die Breite, die der Fährmann mit
1000 m angegeben hatte. Genau richtig !
Dritter Halt ist Sao Paulo de Olivenca. Gleiche Prozedur:
Die Messung bei Ankunft ergibt 1500 Meter.
Dann Sammeln, Schreiben, Beobachten und noch mal die
Breite messen. Erste Messung wird bestätigt: 1500 Meter.
Beim vierten Stopp, in Tefe´, ergibt die Breitenmessung
2000 Meter. Sowohl bei der Ankunft als auch bei der
Abfahrt. In Manaus sind es dann - zweimal gemessene-
2500m. Bei Obidos misst der Amazonas - bei Ankunft
und vor der Abfahrt- 3000 m Breite.
Viele Erkenntnisse hat Pedro gesammelt, als er in Macapa
ankommt. Unter anderem, dass der Strom hier fast 3500
Meter breit ist (2x gemessen).
Nun nähert sich Pedro dem offenen Meer. Er wagt sich
noch dreihundert Kilometer weit in das Mündungsdelta,
kann kaum noch die Breite messen (4000m) und einige

Inseln besuchen, rastet dann einige Tage und tritt die Rückreise an, nachdem er erneut die Breite gemessen hat (4000m). Er fährt in der Nähe des gleichen Ufers den Strom hinauf, an dem er auch stromab gefahren ist und er unterbricht an den gleichen Orten die Fahrt, an denen er schon seine Beobachtungen gemacht hatte, weil er noch mal messen will, ob sich die damalige Breite des Flusses geändert hat.

Er stellt fest, dass an allen Orten noch die gleichen Werte gelten. Nichts hat sich verändert!

Auch **Pedro hat eine Skizze in seinem Tagebuch.**

Flussbreite bei Ankunft und Abfahrt an folgenden **Orten.**

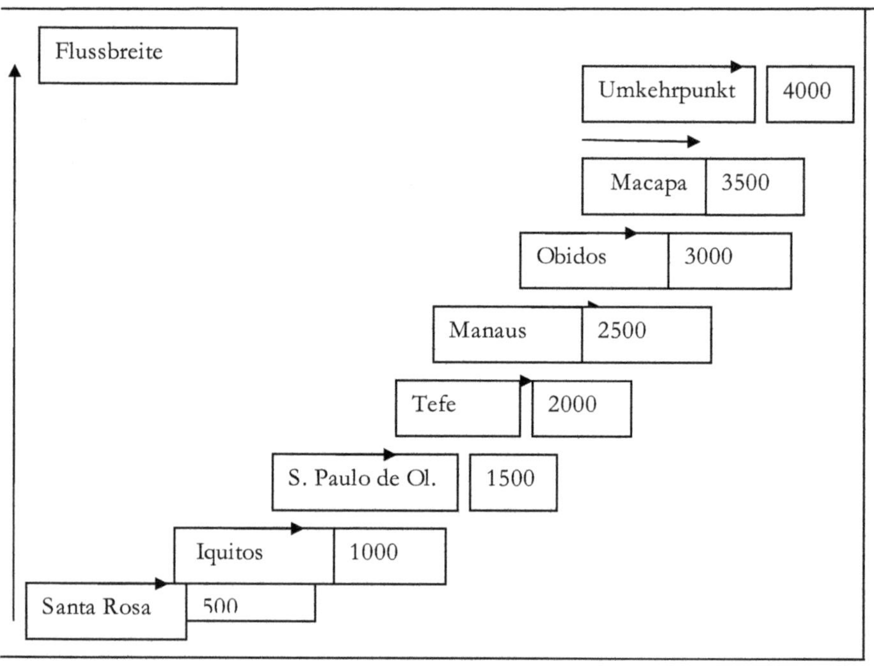

Pedro stellt fest:

Während seiner Aufenthalte ändert sich die Flussbreite nicht!

<u>Da der Fluss sich aber nicht nach Pedros Reise richtet, ändert er seine Breite auch bei anderen Aufenthalten an irgendwelchen Orten am Ufer nicht, also nie !!</u>

Wegen der Aufenthalte an Land kommt er erst viel später als Antonio zum Ausgangspunkt der Reise zurück.

Nach dem Feiern der geglückten Fahrt setzen sich beide zusammen und tauschen Erfahrungen aus.

Zusammengefasst ergibt sich Folgendes:

Antonio berichtet, dass die Ufer des Amazonas immer weiter von der Flussmitte zurück weichen, ebenso wie die Mündungen der Zuflüsse. Alle zehn Tage weichen die Ufer zu beiden Seiten je 250 Meter zurück! Als er aber an der Grenzlinie Fluss /Meer umkehrt und gegen den Strom fährt, erlebt er den ganzen Vorgang spiegelbildlich: alles rückt wieder näher zusammen und die Ufer kommen alle zehn Tage je 250 Meter auf das Boot zu!

Wenn das Breiter- Werden während der ersten Hälfte der Reise für den Amazonas gilt und für seine Zuflüsse, dann muss das für a l l e Flüsse gelten.

Fremde Flüsse müssen den gleichen Gesetzen gehorchen wie unser Heimatfluss! **Pedro** staunt, zweifelt aber keinen Moment an der Richtigkeit von Antonios Angaben.

Von seiner eigenen Reise berichtete er, dass er bei jedem seiner langen Aufenthalte die Flussbreite gemessen habe und dass diese an jedem Aufenthaltsort deutlich größer

gewesen sei als bei dem vorhergehenden.
Erstaunlich fand er aber, dass die Breite bei der Ankunft und dann einige Tage später bei der Abfahrt exakt die gleichen Werte aufgewiesen habe!
Aus seiner Sicht ist der **Fluss währen der Aufenthalte nicht breiter geworden!**
Da der Fluss sich aber nicht nach Pedros Aufenthalten richte, müsse er, Pedro, vermuten, **der Fluss sei auch vor und nach seinen Aufenthalten nicht breiter geworden - was sich bei der Rückreise bestätigt habe.**
Wann also ist der Fluss breiter geworden?

Irgendetwas stimmt da nicht!
Er stimmt Antonio zu: Ähnliches müsse für alle Flüsse im ganzen Amazonas-Gebiet gelten. Logischerweise dann für ganz Brasilien, für alle Länder der Erde, letztlich für das ganze Universum!
Die beiden haben ein Problem:
Aus ihrer jeweiligen Sicht haben sie beide Recht!
**Es bleiben die gleichen Fragen im Modell des Universums wie bei der Amazonas-Fahrt:
Welche Rolle spielt die Zeit, welche der Ort?**

Wie kann man den Widerspruch zwischen beobachteter Ufer-Verschiebung (im **Standard-Universum: der Galaxien**) und dem unveränderlichen Zustand beim Verharren am gleichen Ort (**Stabile Umlaufbahnen im GDU**) auflösen?

Indem man die bisher allgemein anerkannte <u>Ursache</u> der <u>Rotverschiebung herabstuft</u> von ihrer Qualität

„Beweis für die Expansion"

auf „**E i n** I n d i z von mindestens dreien".

<u>Nimmt man die hier für das GDU</u> gegebenen Ursachen der Rotverschiebung an, lösen sich viele Probleme von selber und es ergeben sich völlig neue Möglichkeiten zu Fortschritten der Kosmologie!

Das Universum - als Torus verstanden - lässt eine Vielzahl von Berechnungen zur Gesamtmasse, zu Umfang, Dichte, Beschleunigung / Abbremsung von Objekten auf den Gravitations-Umlaufbahnen zu.

Die Gravitation und das Zusammen-Spiel von deren Komponenten **„Graviton"** und **„Neutrino"** sind neben der hier dargestellten

„neuen Ursache" der Rotverschiebung
die zwei Pfeiler für das Torus-Universum.

Man muss „nur" auf der Zeitachse des Standard- Universums etwas weiter zurück rechnen als Steven Weinberg das damals getan hat und man kommt zur ultimativen Schwellentemperatur, oberhalb derer es keine weitere Steigerung geben kann, weil nichts mehr vorhanden ist, was zerstrahlen könnte. Neutrino und Graviton sind in unmittelbarer Nähe der SE getrennt und folglich ohne Gravitation, bis die Divergenz der Bahnen und damit Abkühlung, zur„Wiedervereinigung" (Graviton plus Neutrino =Quark-Single) samt Krümmung der Bahnen (Kreise!), Flächen und des Raumes führt! **Kein zeitlich begrenzter Prozess! Dauerzustand!**

Literatur-Hinweise und Quellen

1. Meyers **Handbuch** Weltall, 7.Aufl., 1994;
   ISBN 3- 411- 07757-3.
2. **dtv- Atlas** zur Astronomie, 8.Aufl.,1985
   ISBN 3-423-03006-2.
3. Steven Weinberg: Teile des Unteilbare/Entdeckungen im
   Atom; Spektrum d. Wissenschaft.1984;ISBN 3-922508-66-9
4. Steven Weinberg: **Die ersten drei Minuten;** dt.1977 bei
   R. Piper &Co. ISBN 3-493-02308-8 (dtv : 5.Aufl.,1985)
5. Harald Fritzsch. Quarks- Urstoff unserer Welt. 1985 bei
   R. Piper & Co. ISBN 3-492-00632-9
6. Claus Kiefer. Der Quantenkosmos. 2009 bei S. Fischer Verl.,
   Frankfurt ISBN 978-3-10-039506-1
7. Alexander Unzicker. „Auf dem Holzweg durchs Universum"
   C.Hanser-Verlag, München, 2012;ISBN 978-3-446-43214-7
   „Vom Urknall zum Durchknall", Springer Spectrum 2010,
   ISBN 978-3-642-44977-2
9. Aus Wikipedia entnommen ist der kurze Hinweis zu den
   Koordinaten und Skizzen des Torus´. Danke an Wiki!

Als **Quellen** kann ich nur wenige Werke bezeichnen, wobei
Weinbergs „**Die ersten drei Minuten**" eindeutig in Führung
liegen. Die Forschungsergebnisse anderer Autoren: Einstein,
Hawking, Hoyle, Hubble ergänzen die Quellen nur, soweit
sie bei Steven Weinberg (s.o.Nr.3 u. 4) zitiert/erwähnt wurden.

Herstellung u. Verlag: Books-on-Demand, Norderstedt 2016
Copyright 2016 Dirk Rauter
ISBN 9783739205298

Zu Thema und Autor
Das
Standardmodell der Kosmologie
(Steven Weinberg, Edwin Hubble u. a.) enthält:
- **Fehl-Interpretation bei der Ursache der Rotverschiebung**,
- **Nicht konsequent bis zum Ende Durchdachtes** (zu frühes
  Abbrechen von Überlegungen zur Singularität) und
- **Fehlende Berücksichtigung relevanter Erkenntnisse.**
  (Einsteins Theorie vom gekrümmten Raum).

Dirk Rauter, 1937 in Braunschweig geboren, hat in München
Geologie und einige Semester Physik, Geophysik, Chemie und
Zoologie studiert. 1962 trat er in dem Militärgeographischen
Dienst der Bundeswehr bei. Seit Aufkommen der <u>Datenverarbei-
tung</u> war er mit verbindlichen Definitionen, der Organisation und
Struktur von Geo-Daten im Rahmen des Bündnisses tätig.
**Mit dem Erscheinen von Steven Weinbergs „Die ersten drei
Minuten" beschäftigte Rauter sich damit, die Unzulänglich-
keiten innerhalb und zwischen den kosmologischen Modellen**
  - **Standard-Modell der Kosmologie oder Urknall-Modell**
    (Weinberg) und
  - **Steady- State- Modell (Hoyle)**
zu ergründen und Widersprüche aufzulösen. Das Ergebnis:

Das Gravitationsfeld – Dipol – Universum (GDU)
Da die Modelle über Jahrzehnte von Gruppen führender Astro-
Physiker und Kosmologen vertreten wurden, konnten sie nicht
beide völlig falsch sein. Aber auch nicht von A bis Z richtig, denn
die anscheinend unauflösbaren Widersprüche existieren nun mal
bis heute!

Rauter trug seit Langem die ihm erreichbaren Ergebnisse aus dem
Gebiet der Kosmologie und Kernphysik zusammen.
Objekte und Strukturen sind ausreichend gesammelt und bewertet.
So wurde nach kritischer Analyse und Aussonderung der nicht
akzeptablen Annahmen die Nutzung verbleibender Bausteine zum

<u>Neubau eines Modells erreicht</u>,
welches hier…

<u>vom Neutrino und Graviton bis zum Universum als Ganzem</u>
ohne Vermutungen und logische Brüche verständlich erklärt wird.
Die verblüffend einfache Grund-Idee könnte dazu führen, dass die
Basis der Kosmologie in Teilen umformuliert werden muss.

Zumindest aber liegt hier ein Mosaikstein zu einer einheitlichen
Feldtheorie vor.

FSC-Logo